工程造价轻课系列(互联网+版)

造价案例识图分析篇
——学识图 抠细节

鸿图教育　主　编

清华大学出版社
北　京

内 容 简 介

本书在编撰过程中主要根据《房屋建筑制图统一标准》(GB/T 50001—2017)、《建筑制图标准》(GB/T 50104—2010)、《建筑结构制图标准》(GB/T 50105—2010)、《混凝土结构施工图平面整体表示方法制图规则和构造详图》(现浇混凝土框架、剪力墙、梁、板,16G101-1)、(现浇混凝土板式楼梯,16G101-2)、(独立基础、条形基础、筏形基础及桩基础,16G101-3)、《建筑工程建筑面积计算规范》(GB/T 50353—2013)等为依据进行编写。

全书共分为 8 章,主要内容包括工程案例识图基本知识、建筑施工图、结构施工图、某多层住宅剪力墙结构工程、某县城郊区别墅现浇混凝土结构工程、某学校钢筋混凝土框架结构、某工业厂房钢结构工程、某售楼部样板间装修工程等,分别对民用建筑、工业建筑及精装修的识图做了系统的分析和串讲,为读者学习计量和计价做奠基。

本书适合工程造价、工程管理、房地产管理与开发、建筑工程技术、工程经济等专业,以及与造价相关的从事造价行业的人员学习参考,同时可作为一、二级造价工程师实操演练的首选书籍,还可供设计人员、施工技术人员、工程监理人员等参考使用,亦可作为高等院校相关专业的教学和参考用书。

图书在版编目(CIP)数据

工程造价轻课系列: 互联网+版. 造价案例识图分析篇: 学识图 抠细节/鸿图教育主编. —北京: 清华大学出版社,2021.4

ISBN 978-7-302-57693-8

Ⅰ. ①工… Ⅱ. ①鸿… Ⅲ. ①工程造价 Ⅳ. ①TU723.3

中国版本图书馆 CIP 数据核字(2021)第 045536 号

责任编辑: 石　伟
封面设计: 李　坤
责任校对: 李玉茹
责任印制: 丛怀宇

出版发行: 清华大学出版社
　　　　网　　址: http://www.tup.com.cn, http://www.wqbook.com
　　　　地　　址: 北京清华大学学研大厦 A 座　　　邮　编: 100084
　　　　社 总 机: 010-62770175　　　　　　　　邮　购: 010-62786544
　　　　投稿与读者服务: 010-62776969, c-service@tup.tsinghua.edu.cn
　　　　质量反馈: 010-62772015, zhiliang@tup.tsinghua.edu.cn
　　　　课件下载: http://www.tup.com.cn, 010-62791865
印 装 者: 天津鑫丰华印务有限公司
经　　销: 全国新华书店
开　　本: 185mm×230mm　　印　张: 18.5　　字　数: 449 千字
版　　次: 2021 年 4 月第 1 版　　　　印　次: 2021 年 4 月第 1 次印刷
定　　价: 69.00 元

产品编号: 087871-01

前　言

随着建筑行业的发展，加上国家政策和规范的出台以及相关预算软件的进步，造价工作机械化显得尤为突出，不论是甲方还是乙方，都需要对工程量以及报价进行慎重分析，这些都要建立在识图的基础上，识图是根基。对报价的识图工作不仅仅要求基本的识图，还要能全面进行剖析，根据图形能进行软件的操作和工程量的提取，进而给出报价。基于此，本书采用实际案例进行识图分析，根据不同结构的工程，学会全面的识图技巧，为后续的工程算量和计价打下基础。

本书主要以《房屋建筑制图统一标准》(GB/T 50001—2017)、《建筑制图标准》(GB/T 50104—2010)、《建筑结构制图标准》(GB/T 50105—2010)、《混凝土结构施工图平面整体表示方法制图规则和构造详图》(现浇混凝土框架、剪力墙、梁、板，16G101-1)、(现浇混凝土板式楼梯，16G101-2)、(独立基础、条形基础、筏形基础及桩基础，16G101-3)、《建筑工程建筑面积计算规范》(GB/T 50353—2013)等为依据进行编写。本书具有的一些不同于同类书的显著特点有以下几个。

(1) 书中系统串讲了建筑识图的内容。从基本的识图前提到实际的案例，循序渐进，杜绝好高骛远。

(2) 学识图、抠细节，结合相应的音、视频，进行点对点的指导和分析。不同结构，系统识图；不同形式，前后连贯；摆脱眼高手低，注重实际运用。

(3) 摆脱老旧形式，直接采用实际案例，识图为算量和计价奠定基础，丢掉混乱思绪，识图有规可循；杜绝手忙脚乱，掌握识图原理。

(4) 实践性强。每个知识点的讲解，其所采用的案例和图片均来源于实际。

(5) 碰撞性强。各种知识点的碰撞都会对专业术语进行解释或是图文串讲，真正做到知识点的碰撞、知识的串联、知识的互通应用。

(6) 本书配有音频讲解、三维视频展示、实景图片展示，购书扫码加群另赠相应 PPT

课件。

　　本书由鸿图教育主编，由杨霖华和徐萍萍担任副主编，其中第 1 章由杨霖华负责编写，第 2 章由赵小云负责编写，第 3 章由徐萍萍负责编写，第 4 章由刘瀚负责编写，第 5 章由张利霞负责编写，第 6 章由刘家印负责编写，第 7 章由郭琳负责编写，第 8 章由刘铁锋负责编写，全书由杨霖华和赵小云负责统稿。

　　本书在编写过程中，得到了许多同行的支持与帮助，在此一并表示感谢。由于编者水平有限，书中难免有错误和不妥之处，望广大读者批评、指正。

编　者

目 录

第 1 章 工程案例识图基本知识

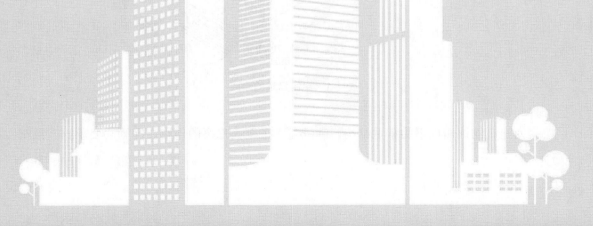

1.1 概　　述

1.1.1 建筑物的基本组成和作用

1. 民用建筑的组成和作用

　　一般民用建筑是由基础、墙和柱、楼底层、楼梯、屋顶层和门窗等基本构件组成的，如图 1-1 所示。它们所处位置不同，其作用也不同。

民用建筑的组成.mp4　扩展资源 1.建筑物的设计原则.docx

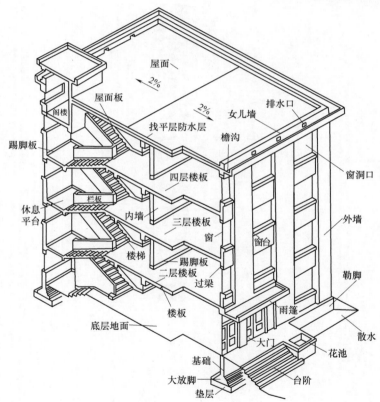

图 1-1　民用建筑的组成

　　1)　基础

作为建筑物地面以下的承重结构，基础起到了至关重要的作用，因为它要承担上部结构传来的荷载，支撑起建筑物上部结构，使之稳定矗立，并且将荷载和基础自重一起传递到地基上。鉴于基础在地下工程中的重要性，它要严格满足房屋建筑相关的规范要求。如图 1-2 所示，这是基础的几种示意图。

首先，基础自身要具有较高的强度和刚度，才能确保有足够的能力承担上部结构的荷载。

其次，基础下部的地基除了要满足强度和刚度的要求外，还要控制其沉降量，避免沉降过多而造成建筑物的下沉、倾斜、倒塌，若能合理、有效地控制，就能提高建筑物的稳定性。

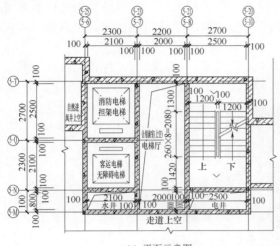

(a) 平面示意图

(b) 施工现场

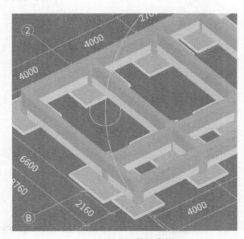

(c) 部分三维示意图

图 1-2　基础的几种示意图

在基础自身要求得以满足后，还要考虑设备管线安装时需要预留管道孔，以防建筑物的沉降与这些设备管线产生不良剪切作用。一般情况下，基础的造价要在总造价中占30%左右，因此，根据上部结构和现场施工条件确定基础的形式和构造方案，在满足安全合理的前提下选择造价低的基础有利于成本的降低，经济效益将会大幅度增加。

2）墙和柱

墙是建筑物的围护构件，有时也是承重构件。作为围护构件，外墙起着抵御自然界各种因素对室内侵袭的作用；内墙起着分隔建筑物内部空间、避免各空间之间相互干扰的作用。作为承重构件，承受屋顶、楼板、楼梯等构件传来的荷载，并将这些荷载传给基础。因此，根据墙体功能的不同，要求墙体应具有足够的强度、稳定性、保温、隔热、隔声、防水、防火等功能以及耐久性和经济性。

为了扩大空间，提高空间的灵活性，满足结构需要，有时用柱子代替墙体作为建筑物的竖向承重构件。因此，柱应具有足够的强度和稳定性。墙和柱的示意图如图1-3所示。

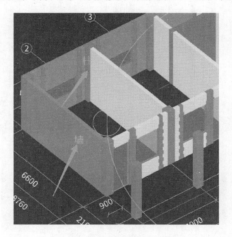

图1-3　墙和柱的示意图

3）楼底层

楼底层是楼板层和地坪层的合称。

楼板层是建筑物的水平承重构件，承受家具、设备、人体等荷载及自重，并将这些荷载传给墙或柱，同时对墙体起着水平支撑的作用。按房间层数将整幢建筑物沿水平方向分为若干部分。作为楼板层，要求其具有足够的强度、刚度和稳定性，还应具有隔声、防水等功能。

地坪层是底层房间与土层相接触的部分，承受底层房间的荷载，要求其具有防潮、防水、保温等功能。楼底层的示意图如图1-4所示。

(a) 楼底层实物图　　　　　　(b) 楼底层三维图

图 1-4　楼底层示意图

4) 楼梯

楼梯是楼房建筑的垂直交通设施，供人们上下楼层和紧急疏散之用。楼梯在建筑物中发挥着运输作用，它是垂直交通联系设施，给人们的日常通行带来了便利，遇到紧急情况时也能够起到快速疏散的作用。因此，楼梯的设计要遵循上下通行方便、有足够的通行和疏散能力、防火性能高等原则，绝不可出现楼梯先倒塌的情况；否则，事故发生时不能做到及时疏散，将会造成人员伤亡和巨大损失。楼梯的示意图如图 1-5 所示。

扩展图片 1.楼梯的
类型.docx

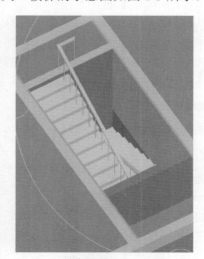

(a) 楼梯平面图　　　　　　(b) 楼梯三维图

图 1-5　楼梯示意图

5) 屋顶层

屋顶层是抵御自然界雨雪及太阳热辐射等对顶层房间的影响、承受建筑物顶部荷载并将这些荷载传给垂直方向的承重构件。

屋顶层的构造设计和施工工艺在房屋建筑中十分重要，这种起覆盖作用的围护结构也是考虑因素较多的一个环节。由于它要保证室内不被破坏，所以要防止风、雨、雪、日晒等侵蚀；同时它要承担自重和屋顶上部各种荷载，再将这些荷载传递给墙或者梁柱。与楼层相同，它在设计中也应当满足保温、隔热、防潮、防火等性能的要求，如图1-6所示。

扩展图片2.屋顶的类型.docx

(a) 屋顶层实物图　　　　　　　　(b) 屋顶层三维图

图1-6　屋顶层示意图

6) 门窗

门和窗主要起到为人们提供通行和分隔房间的作用，充当建筑物的两个围护结构。门主要是交通出入、分隔联系空间、采光和通风；窗的主要功能除了采光和通风外，还兼顾观察的作用，为用户提供舒适的居住环境，有着无可替代的功用。虽然门窗的设计要求没有基础、墙柱等结构那么严格，但是设计人员同样不可忽略其重要性，在设计要求上要满足坚固耐用、功能合理的基本要求。根据不同的房屋要求，门窗的级别也不相同，要依据使用功能合理选择门窗，以达到特殊要求的最终效果。门窗的几种示意图如图1-7所示。

(a) 门　　　　　　　　(b) 窗　　　　　　　　(c) 门窗三维示意图

图1-7　门窗的几种示意图

2. 单层工业厂房的组成和作用

单层工业厂房的结构支承方式基本上可分为承重墙结构与骨架结构两类。当厂房跨度、高度、吊车荷载较小及地震烈度较低时，采用承重墙结构；当厂房跨度、高度、吊车荷载较大及地震烈度较高时，广泛采用钢筋混凝土骨架结构。骨架结构由柱基础、柱子、梁、屋架等组成，以承受各种荷载，这时，墙体在厂房结构中只起围护或分隔作用。这种体系由两大部分组成，即承重构件和围护构件，如图1-8所示。

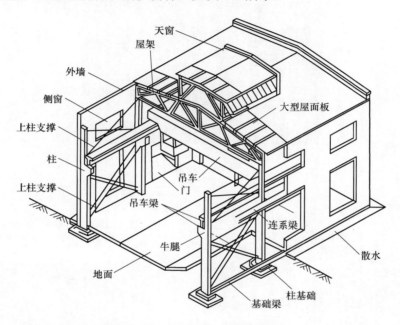

图 1-8　单层工业厂房的组成

1)　承重构件

(1) 柱。排架柱是厂房结构的主要承重构件，承受屋架、吊车梁、支撑、连系梁和外墙传来的荷载，并把这些荷载传给基础，如图1-9所示。

单层工业厂房的山墙面积大，所受风荷载也大，故在山墙中部设抗风柱，使墙面受到的风荷载一部分由抗风柱上端通过屋顶系统传到厂房纵向骨架上去，一部分由抗风柱直接传至基础。

(2) 基础。基础承受柱子和基础梁传来的荷载，并将这些荷载传给地基，如图1-10所示。

(3) 屋架。屋架是屋盖结构的主要承重构件，承受屋面板、天窗等屋盖上的荷载，再传给柱子，如图1-11所示。

排架柱
主要承重构件

图 1-9　排架柱

工人对厂房基础
进行压桩加固

图 1-10　基础加固

由型钢和钢板等制成的梁钢、钢
柱、钢桁架等构件组成的钢屋架

图 1-11　钢屋架

　　(4) 屋面板。屋面板铺设在屋架檩条或天窗架上，直接承受板上的各类荷载(包括屋面板自重、雪荷载、积灰荷载、施工检修荷载等)，并将荷载传给屋架，如图 1-12 所示。

图 1-12　钢屋架屋面结构板

(5) 吊车梁。吊车梁设置在柱子的牛腿上，其上装有吊车轨道，吊车沿着轨道行驶。吊车梁承受吊车的自重和起重以及运行中的荷载(包括吊车的起重量、吊车启动或刹车时所产生的纵向、横向刹车力及冲击荷载等)，并将这些荷载传给柱子，如图 1-13 所示。

吊车梁检查重点，主要是检查两端的焊缝

图 1-13　吊车梁

(6) 连系梁。连系梁是厂房纵向柱列的水平连系构件，用于增加厂房的纵向刚度，承受风荷载或上部墙体的荷载，并将荷载传给纵向柱列，如图 1-14 所示。

(7) 基础梁。基础梁承受上部墙体的重量，并把这些荷载传给基础，如图 1-15 所示。

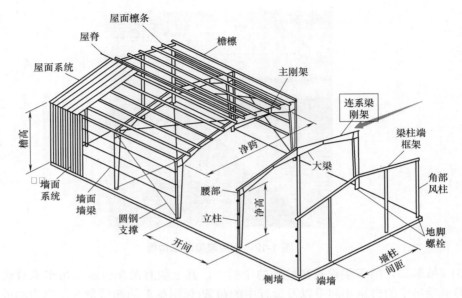

图 1-14　连系梁的示意图

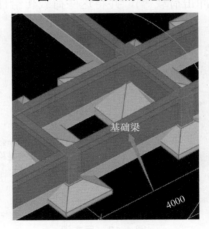

图 1-15　基础梁的示意图

（8）支撑系统构件。支撑系统构件的作用是加强结构的空间整体刚度和稳定性。它主要传递水平风荷载及吊车产生的水平刹车力。支撑构件设置在屋架之间的称为屋盖结构支撑系统，设置在纵向柱列之间的称为柱间支撑系统。图 1-16 所示为单层工业厂房承重结构主要荷载传递的示意图。

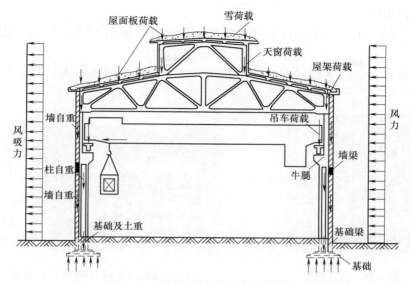

图 1-16　单层工业厂房承重结构主要荷载传递的示意图

2)　围护构件

厂房围护结构如图 1-17 所示。

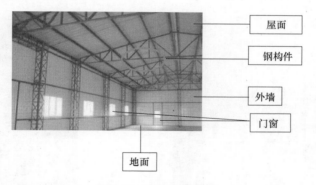

图 1-17　厂房围护结构

(1)　屋面。屋面是厂房围护构件的主要部分，受自然条件的直接影响，故必须处理好屋面的防水、排水、保温、隔热等方面的问题。

(2)　外墙。厂房外墙通常采用自承重墙形式，除承受自重及风荷载外，主要起防风、防雨、保温、隔热、遮阳等作用。

(3)　门窗。门主要起交通作用，窗主要起采光和通风作用。

(4)　地面。地面须满足生产使用要求，能提供良好的劳动条件。

3) 其他构件

(1) 吊车梯。当在吊车上设有驾驶室时，应设置供吊车驾驶员上下使用的梯子，如图 1-18 所示。

(2) 厂房隔断。在装修过程中对不同的区域进行合理划分来达到功能上的需要，如图 1-19 所示。

厂房生产隔断

图 1-18　吊车梯　　　　　　　图 1-19　厂房隔断的示意图

(3) 走道板。走道板是为工人检修吊车和轨道所设置的，如图 1-20 所示。

(4) 屋面检修梯。这是为检修屋面的人员和消防人员设置的梯子。此外，还有平台、作业梯、扶手、栏杆等，如图 1-21 所示。

图 1-20　走道板　　　　　　　　图 1-21　屋面检修梯

1.1.2 建筑施工图的内容

建筑施工图包括总平面图、建筑图、结构图、给水排水图、电气照明图、弱电图、采暖通风图、动力图等。

音频 1：识读建筑工程图
应注意的问题.mp3

1. 总平面图

总平面图包括以下内容。

1) 目录

先列新绘制图纸，后列选用的标准图、通用图或重复利用图，如图 1-22 所示。

扩展资源 2.总平面图识图注意事项.docx

序号	专业	图号	内　　　　　容	备　注
1	建施		图纸目录表	
2	建施	1/1	建筑设计总说明　门窗表	
3	建施	2/1	一层平面　二层平面	
4	建施	3/1	总平面　屋顶平面　　坡屋顶平面	
5	建施	4/1	①～④轴立面　④～①轴立面　Ⓑ～Ⓗ轴立面　Ⓗ～Ⓑ轴立面	
6	建施	5/1	A—A 剖面　各大样图　B—B 剖面	
7	建施	6/1	卫生间大样　楼梯大样　　天窗大样　门窗简图	
8	建施	7/1	各大样图	

图 1-22　平面图在目录中的显示

2) 设计说明

一般工程的设计说明，分别写在有关的图纸上。如重复利用某一专门的施工图纸及其说明时，应详细注明其编制单位名称和编制日期。如施工图设计阶段改变初步设计，应重新计算并列出主要技术经济指标表，如图 1-23 所示。

项目概况							
项目名称			用地位置				
宗地号		原印染厂拟挂牌地块	用地单位		房地产开发有限责任公司		
用地主要技术经济指标							
总用地面积		㎡	建设用地面积			㎡	
总建筑面积		㎡	绿地面积			㎡	
其中	地上建筑面积	㎡	容积率(%)	规定		设计	
	地下建筑面积	㎡	覆盖率(%)	规定		设计	
建筑基底面积		㎡	绿地率(%)	规定		设计	
道路广场用地面积		㎡	停车位(地下)	规定		设计	
非机动车停车位(地上/地下)				规定		设计	
本条设计建筑主要特征							
子项名称		住宅					
建筑性质		住宅	建筑规模	㎡其中·地上　　㎡			
层数(地上/地下)			建筑高度				
设计使用年限			结构类型	剪力墙结构			
建筑类别		层					
建筑耐火等级		二级	抗震设防烈度				

图 1-23　主要技术经济指标

3) 总平面布置图

总平面布置图包括的内容如下。

(1) 城市坐标网、场地建筑坐标图、坐标值。

(2) 场地四界的城市坐标和场地建筑坐标。

(3) 建筑物、构筑物定位的场地建筑坐标、名称、室内标高及层数。

(4) 拆除旧建筑的范围边界、相邻单位的有关建筑物、构筑物的使用性质，耐火等级及层数。

(5) 道路、铁路和明沟等的控制点(起点、转折点、终点等)的场地建筑坐标和标高、坡向、平曲线要素等。

(6) 指北针、风玫瑰，如图 1-24 所示。

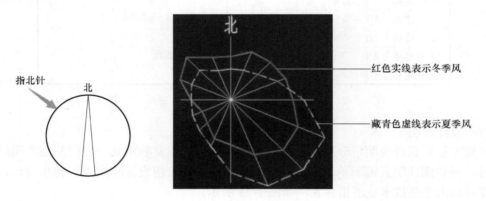

图 1-24　指北针、风玫瑰的示意图

(7) 建筑物、构筑物使用编号时，列"建筑物、构筑物名称编号表"。

(8) 说明：尺寸单位、比例、城市坐标系统和高程系统的名称、城市坐标网与场地建筑坐标网的相互关系、补充图例、设计依据等。

4) 竖向设计图

竖向设计图包括的内容如下。

(1) 地形等高线和地物。

(2) 场地建筑坐标网、坐标值。

(3) 场地外围的道路、铁路、河渠或地面的关键性标高。

(4) 建筑物、构筑物的名称(或编号)、室内外设计标高(包括铁路专用线设计标高) 。

(5) 道路、铁路、明沟的起点、变坡点、转折点和终点等的设计标高、纵坡度、纵坡距、纵坡向、平曲线要素、竖曲线半径、关键性坐标。道路注明单面坡或双面坡。

(6) 挡土墙、护坡或土坎等构筑物的坡顶和坡脚的设计标高。

(7) 用高距为 0.1~0.5m 的设计等高线表示设计地面起伏状况，或用坡向箭头表明设计地面坡向。

(8) 指北针。

(9) 说明：尺寸单位、比例、高程系统的名称、补充图例等。

5) 土方工程图

土方工程图包括的内容如下。

(1) 地形等高线、原有的主要地形、地物。

(2) 场地建筑坐标网、坐标值。

(3) 场地四界的城市坐标和场地建筑坐标。

(4) 设计的主要建筑物、构筑物。

(5) 高距为 0.25~1.00m 的设计等高线。

(6) 20m×20m 或 40m×40m 的方格网，各方格点的原地面标高、设计标高、填挖高度、填区和挖区间的分界线、各方格土方量、总土方量，如图 1-25 所示。

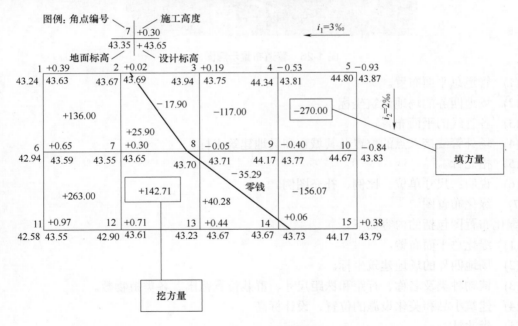

图 1-25　土方方格网

(7) 土方工程平衡表。

(8) 指北针。

(9) 说明：尺寸单位、比例、补充图例、坐标和高程系统名称、弃土和取土地点、运距、施工要求等。

6） 管道综合图

管道布置示意图如图 1-26 所示。管道综合图包括的内容如下。

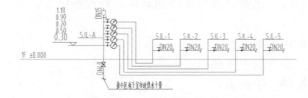

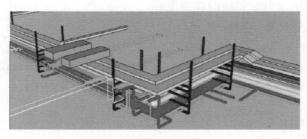

图 1-26 管道布置示意图

(1) 管道总平面布置。

(2) 场地四界的场地建筑坐标。

(3) 各管线的平面布置。

(4) 场外管线接入点的位置及其城市和场地建筑坐标。

(5) 指北针。

(6) 说明：尺寸单位、比例、补充图例。

7） 绿化布置图

绿化布置图包括的内容如下。

(1) 绿化总平面布置。

(2) 场地四界的场地建筑坐标。

(3) 植物种类及名称、行距和株距尺寸、群栽位置范围、各类植物数。

(4) 建筑小品和美化设施的位置、设计标高。

(5) 指北针。

(6) 说明：尺寸单位、比例、图例、施工要求等。

8） 详图

详图包括的内容如下。

(1) 表示局部构造的详图，如外墙身详图、楼梯详图、阳台详图等。

(2) 表示房屋设备的详图，如卫生间、厨房、实验室内设备的位置及构造等。

(3) 表示房屋特殊装修部位的详图，如吊顶、花饰等。

详图的示意图如图 1-27 所示。

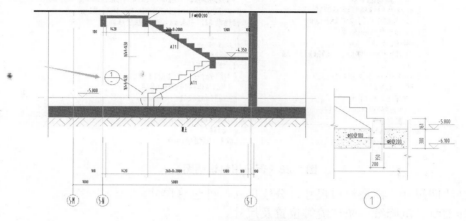

图 1-27　详图的示意图

2. 建筑图

建筑图包括以下内容。

(1) 目录：先列新绘制图纸，后列选用的标准图或重复利用图。

(2) 首页，包括以下内容。

① 设计依据。

② 本项工程设计规模和建筑面积。

③ 本项工程的相对标高与总平面图绝对标高的关系。

④ 用料说明：室外用料做法可用文字说明或部分用文字说明，部分直接在图上引注或加注索引符号。室内装修部分除用文字说明外，也可用室内装修表，在表内填写相应的做法或代号，如图 1-28 所示。

⑤ 特殊要求的做法说明。

⑥ 采用新材料、新技术的做法说明。

⑦ 门窗表。

(3) 平面图。

平面图有各楼层平面图及屋顶平面图。

楼层平面图包括以下内容。

① 墙、柱、垛、门窗位置及编号、门的开启方向、房间名称或编号、轴线编号等。

② 柱距(开间)、跨度(进深)尺寸、墙体厚度、柱和墩断面尺寸。

音频 2：建筑平面图的图示内容.mp3

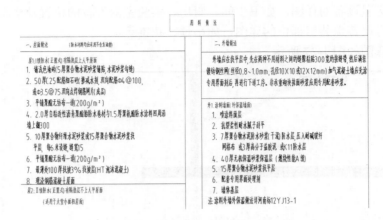

图 1-28　部分用料说明图

③　轴线间尺寸、门窗洞口尺寸、分段尺寸、外包总尺寸。

④　伸缩缝、沉降缝、防震缝等位置及尺寸。

⑤　卫生器具、水池、台、厨、柜、隔断位置。

⑥　电梯、楼梯位置与上下方向示意及主要尺寸。

⑦　地下室、平台、阁楼、人孔、墙上留洞位置尺寸与标高，重要设备位置尺寸与标高等。

⑧　铁轨位置、轨距和轴线关系尺寸；吊车型号、吨位、跨度、行驶范围；吊车梯位置；天窗位置及范围。

⑨　阳台、雨篷、踏步、坡道、散水、通风道、管线竖井、烟囱、垃圾道、消防梯、雨水管位置及尺寸。

⑩　室内外地面标高、设计标高、楼层标高。

⑪　剖切线及编号(只注在底层平面图上)。

⑫　有关平面图上节点详图或详图索引号。

⑬　指北针。

⑭　根据工程复杂程度绘出的夹层平面图，高窗平面图，吊顶、留洞等局部放大平面图。

屋顶平面图的内容有墙檐口、檐沟、屋面坡度及坡向、落水口、屋脊(分水线)、变形缝、楼梯间、水箱间、电梯间、天窗、屋面上人孔、室外消防梯、详图索引号等。

某楼层一层平面图如图 1-29 所示。

(4)　立面图。

立面图包括以下内容。

①　建筑物两端及分段轴线编号。

②　女儿墙顶、檐口、柱、伸缩缝、沉降缝、防震缝、室外楼梯、消防梯、阳台、栏杆、台阶、雨篷、花台、腰线、勒脚、留洞、门、窗、门头、雨水管、装饰构件、抹灰分格线等。

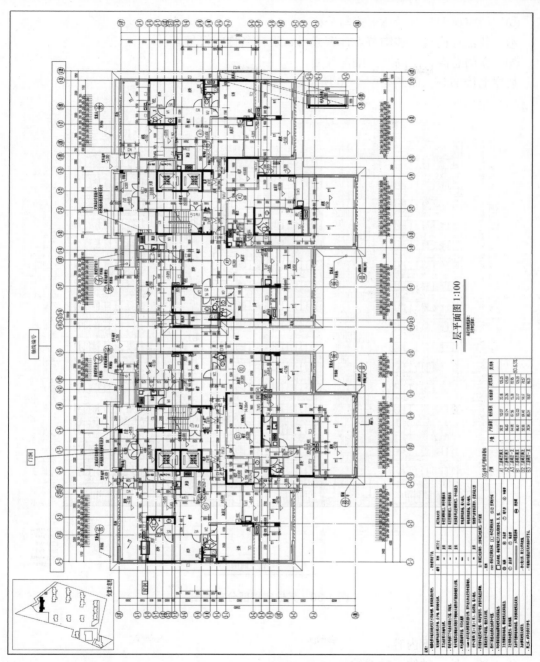

图 1-29　某楼层一层平面图

③ 门窗典型示范具体形式与分格。

④ 各部分构造、装饰节点详图索引、用料名称或符号。

⑤ 立面总高、层高及各细部尺寸。

某住宅楼部分立面图如图 1-30 所示。

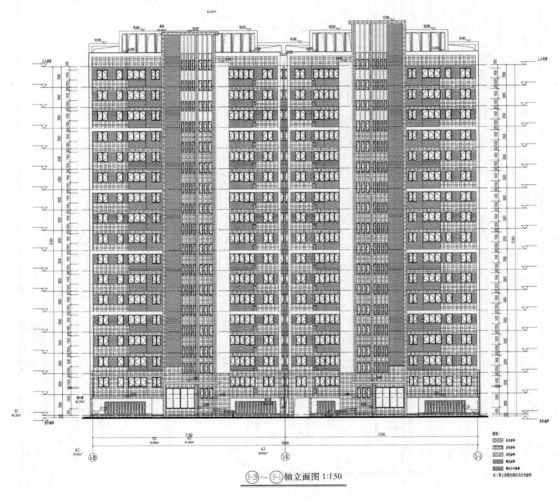

图 1-30 某住宅楼部分立面图

(5) 剖面图。

剖面图包括以下内容。

① 墙、柱、轴线、轴线编号。

② 室外地面、底层地面、各层楼板、吊顶、屋架、屋顶各组成层次、出屋面烟囱、

天窗、挡风板、消防梯、檐口、女儿墙、门、窗、吊车、吊车梁、走道板、梁、铁轨、楼梯、台阶、坡道、散水、防潮层、平台、阳台、雨篷、留洞、墙裙、踢脚板、雨水管及其他装修部件等。

③ 高度尺寸：门、窗、洞口高度，层间高度，总高度等。

④ 标高：底层地面标高；各层楼面及楼梯平台标高；屋面檐口、女儿墙顶、烟囱顶标高；高出屋面的水箱间、楼梯间、电梯机房顶部标高；室外地面标高；底层以下地下各层标高。

⑤ 节点构造详图索引号。

某住宅楼 1—1 剖面图如图 1-31 所示。

(6) 地沟图。供水、暖、电、气管线布置的地沟，如比较简单、内容较少，不致影响建筑平面图的清晰程度时，可附在建筑平面图上，复杂的地沟应另绘地沟图。地沟图包括地沟平面图及地沟详图，如图 1-32 所示。

地沟平面图包括的内容有地沟平面位置、地沟与相邻墙体、柱等相距尺寸。

地沟详图包括的内容有地沟构造做法、沟体平面净宽度、沟底标高、沟底坡向、地沟盖板及过梁明细表、节点索引号等。

(7) 详图。

当上列图纸对有些局部构造、艺术装饰处理等未能清楚表示时，则绘制详图。详图应构造合理，用料做法相宜，位置尺寸准确。详图编号应与详图索引号一致。

3. 结构图

结构图包括以下内容。

(1) 目录：先列新绘制图纸，后列选用标准图或重复利用图。

(2) 首页(设计说明)。首页包括的内容如下。

① 所选用结构材料的品种、规格、型号、强度等级等，某些构件的特殊要求。

② 所采用的标准构件图集。

③ 施工注意事项：如施工缝的设置；特殊构件的拆模时间、运输、安装要求等。

(3) 基础平面图。基础平面图包括的内容如下。

① 承重墙位置、柱网布置、基坑平面尺寸及标高，纵、横轴线关系，基础和基础梁布置及编号，基础平面尺寸及标高。

② 基础的预留孔洞位置、尺寸、标高。

③ 桩基的桩位平面布置及桩承台平面尺寸。

④ 有关的连接节点详图。

⑤ 说明：如基础埋置在地基土中的位置及地基土处理措施等。

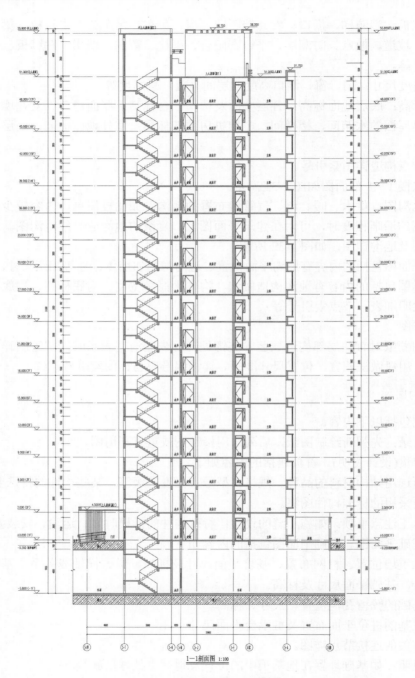

图 1-31 某住宅楼 1—1 剖面图

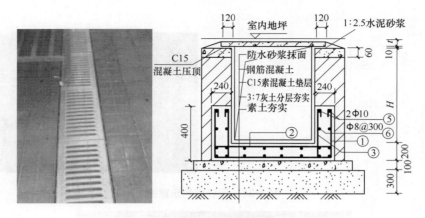

图 1-32　地沟示意图

(4) 基础详图。基础详图包括的内容如下。

① 条形基础的剖面(包括配筋、防潮层、地基梁、垫层等)，基础各部分尺寸、标高及轴线关系。

② 独立基础的平面及剖面(包括配筋、基础梁等)，基础的标高、尺寸及轴线关系。

③ 桩基的承台梁或承台板钢筋混凝土结构、桩基位置、桩详图、桩插入承台的构造等。

④ 筏形基础的钢筋混凝土梁板详图以及承重墙、柱位置。

⑤ 箱形基础的钢筋混凝土墙的平面、剖面、立面及其配筋。

⑥ 说明：基础材料、防潮层做法、杯口填缝材料等。

(5) 结构布置图。

多层建筑应有各层结构平面布置图及屋面结构平面布置图。

各层结构平面布置图内容包括以下几项。

① 与建筑图一致的轴线网及墙、柱、梁等位置、编号。

② 预制板的跨度方向、板号、数量、预留孔洞位置及其尺寸。

③ 现浇板的板号、板厚、预留孔洞位置及其尺寸，钢筋平面布置、板面标高等，如图 1-33 所示。

④ 圈梁平面布置、标高、过梁的位置及其编号，如图 1-34 所示。

屋面结构平面布置图内容除有各层结构平面布置图内容外，还应有屋面结构坡比、坡向、屋脊及檐口处的结构标高等。

单层有吊车的厂房应有构件布置图和屋面结构布置图。

构件布置图的内容包括：柱网轴线；柱、墙、吊车梁、连系梁、基础梁、过梁、柱间支撑等的布置；构件标高；详图索引号；有关说明等。

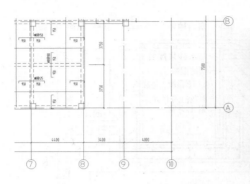
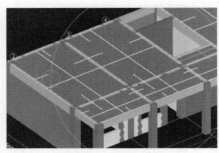

图 1-33　现浇板的示意图

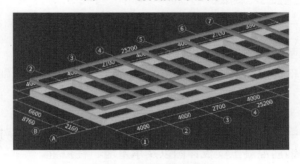

图 1-34　圈梁的示意图

屋面结构布置图的内容包括：柱网轴线；屋面承重结构的位置及编号、预留孔洞的位置、节点详图索引号、有关说明等。

(6)　钢筋混凝土构件详图。

现浇构件详图的内容包括以下几项。

①　纵剖面：长度、轴线号、标高及配筋情况、梁和板的支承情况。

②　横剖面：轴线号、断面尺寸及配筋。

③　留洞、预埋件的位置、尺寸或预埋件编号等。

④　说明：混凝土强度等级、钢筋级别、施工要求、分布钢筋直径及间距等。

预制构件详图的内容包括以下几项。

①　复杂构件的模板图(含模板尺寸、预埋件位置、必要的标高等)。

②　配筋图：纵剖面表示钢筋形式、箍筋直径及间距；横剖面表示钢筋直径、数量及断面尺寸等。

③　说明：混凝土强度等级、钢筋级别、焊条型号、预埋件索引号、施工要求等。

(7)　节点构造详图。

预制框架或装配整体框架的连接部分、楼层构件或柱与墙的锚接等，均应有节点构造详图。

节点构造详图应有平面、剖面，按节点构造表示出连接材料、附加钢筋、预埋件的规格、型号、数量、连接方法以及相关尺寸、与轴线关系等。

4. 室内给水排水图

室内给水排水图包括以下内容。

(1) 目录：先列新绘制图纸，后列选用的标准图或重复利用图。

(2) 设计说明：设计说明分别写在有关的图纸上。

(3) 平面图。平面图包括的内容如下。

① 底层及标准层主要轴线编号、用水点位置及编号、给水排水管道平面布置、立管位置及编号、底层给水排水管道进出口与轴线位置尺寸和标高。

② 热交换器站、开水间、卫生间、给水排水设备及管道较多的地方，应有局部放大平面图。

③ 建筑物内用水点较多时，应有各层平面卫生设备、生产工艺用水设备位置和给水排水管道平面布置图。

(4) 系统图。

各种管道系统图应标明管道走向、管径、坡度、管长、进出口(起点、末点)标高、各系统编号、各楼层卫生设备和工艺用水设备的连接点位置和标高。在系统图上应注明室内外标高差及相当于室内底层地面的绝对标高。某户型给排水系统的示意图如图 1-35 所示。

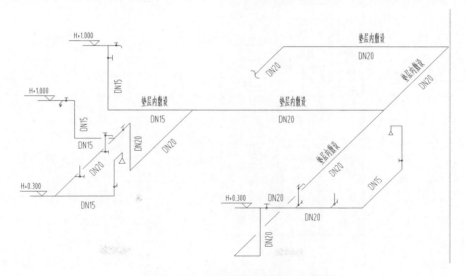

图 1-35　某户型给排水系统的示意图

（5）局部设施。

当建筑物内有提升、调节或小型局部给排水处理设施时，应有其平面图、剖面图及详图，或注明引用的详图、标准图等。

（6）详图。

凡管道附件、设备、仪表及特殊配件需要加工又无标准图可以利用时，应有相应的详图。

5. 电气照明图

电气照明图包括以下内容。

地下室照明管线部分的示意图如图 1-36 所示。

（1）照明平面图。照明平面图包括的内容如下。

① 配电箱、灯具、开关、插座、线路等平面布置。

② 线路走向、引入线规格。

③ 说明：电源电压、引入方式；导线选型和敷设方式；照明器具安装高度；接地或接零。

④ 照明器具、材料表。

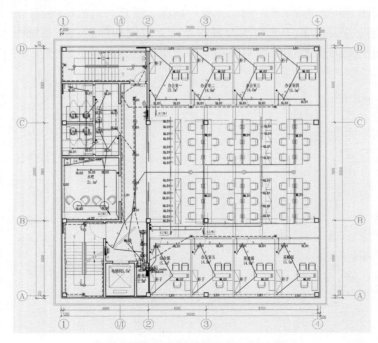

图 1-36　地下室照明管线部分的示意图

(2) 照明系统图(简单工程不出图)。包括的内容有配电箱、开关、熔断器、导线型号规格、保护管管径和敷设方法、照明器具名称等。

(3) 照明控制图：包括照明控制原理图和特殊照明装置图。

(4) 照明安装图：包括照明器具和线路安装图(尽量选用标准图)。

6. 采暖通风图

采暖通风图包括以下内容。

(1) 目录：先列新绘制图纸，后列选用的标准图或重复利用图。

(2) 首页(设计说明)，包括以下几项内容。

① 采暖总耗热量及空调冷热负荷、耗热、耗电、耗水等指标。

② 热媒参数及系统总阻力，散热器型号。

③ 空调室内外参数、精度。

④ 制冷设计参数。

⑤ 空气洁净室的净化级别。

⑥ 隔热、防腐、材料选用等。

⑦ 图例、设备汇总表。

(3) 平面图。平面图分为：采暖平面图；通风、除尘平面图；空调平面图、冷冻机房平面图、空调机房平面图等。

① 采暖平面图的主要内容包括：采暖管道、散热器和其他采暖设备、采暖部件的平面布置，标注散热器数量、干管管径、设备型号规格等。

② 通风、除尘平面图的主要内容包括：管道、阀门、风口等平面布置，标注风管及风口尺寸、各种设备的定位尺寸、设备部件的名称规格等。

③ 空调平面图的主要内容除包括通风、除尘平面图外，还增加标注各房间基准温度和精度要求、精调电加热器的位置及型号、消声器的位置及尺寸等。

④ 冷冻机房平面图的主要内容包括：制冷设备的位置及基础尺寸、冷媒循环管道与冷却水的走向及排水沟的位置、管道的阀门等。

⑤ 空调机房平面图的主要内容包括：风管、给排水及冷热媒管道、阀门、消声器等平面位置，标注管径、断面尺寸、管道及各种设备的定位尺寸等。

(4) 剖面图。剖面图分为：通风、除尘和空调剖面图；空调机房、冷冻机房剖面图。

① 通风、除尘和空调剖面图的主要内容包括：对应于平面图的管道、设备、零部件的位置。标注管径、截面尺寸、标高；进排风口形式、尺寸及标高、空气流向、设备中心标高、风管出屋面的高度、风帽标高、拉索固定等。

② 空调机房、冷冻机房剖面图的主要内容包括：通风机、电动机、加热器、冷却器、消声器风口及各种阀门部件的竖向位置及尺寸；制冷设备的竖向位置及尺寸。标注设备中

心、基础表面、水池、水面线及管道标高、汽水管的坡度及坡向。

（5）系统图。系统图分为采暖管道系统图、通风空调和除尘管道系统图、空调冷热媒管道系统图。系统图中应标注管道的管径、坡度、坡向及有关标高，各种阀门、减压器、加热器、冷却器、测量孔、检查口、风口、风帽等各种部件的位置。

（6）原理图。空调系统控制原理图的内容有以下几项。

① 整个空调系统控制点与测点的联系、控制方案及控制点参数。

② 空调和控制系统的所有设备轮廓、空气处理过程的走向。

③ 仪表及控制元件型号。

1.1.3 施工图的分类和排序

1. 施工图分类

根据施工图所表示的内容和各工种不同，分为不同的图件，包括建筑施工图、结构施工图、设备施工图。

1）建筑施工图

建筑施工图主要用来表示建筑物的规划位置、外部造型、内部各房间的布置、内外装修构造和施工要求的图件。

主要图件有施工首页图、建筑总平面图、建筑平面图、建筑立面图、建筑剖面图和建筑详图(主要详图有外墙身剖面详图、楼梯详图、门窗详图、厨厕详图)，简称"建施"。

2）结构施工图

结构施工图是主要表示建筑物承重结构的结构类型、结构布置，构件种类、数量、大小及做法的图件。

主要图件有结构设计说明、结构平面布置图(基础平面图、柱网平面图、楼层结构平面图及屋顶结构平面图)和结构详图(基础断面图，楼梯结构施工图，柱、梁等现浇构件的配筋图)，简称"结施"。

3）设备施工图

设备施工图主要表达建筑物的给排水、暖气通风、供电照明等设备的布置和施工要求的图件。因此设备施工图又分为以下三类图件。

（1）给排水施工图：表示给排水管道的平面布置和空间走向、管道及附件做法和加工安装要求的图件，包括管道平面布置图、管道系统图、管道安装详图和图例及施工说明。

（2）采暖通风施工图：主要表示管道平面布置和构造安装要求的图件，包括管道平面布置图、管道系统图、管道安装详图和图例及施工说明。

（3）电气施工图：主要表示电气线路走向和安装要求的图件，包括线路平面布置图、线路系统图、线路安装详图和图例及施工说明，简称"设施"。

2. 房屋施工图的特点

(1) 大多数图样用正投影法绘制。

(2) 用较小的比例绘制。基本图常用的绘图比例是 1：100，也可选用 1：50 或 1：200，总平面图的绘图比例一般为 1：500、1：1000 或 1：2000，详图的绘图比例较大些，如 1：2、1：5、1：10、1：20、1：30 等，相对于建筑物的大小，在绘图时均要缩小。

(3) 用图例符号来表示房屋的构、配件和材料。由于绘图比例较小，房屋的构、配件和材料都是用图例符号表示，要识读房屋施工图，必须熟悉建筑的相关图例。

3. 施工图的编排次序

1) 编排要求

为了便于查阅图件和档案管理，方便施工，一套完整的房屋施工图总是按照一定的次序进行编排装订，对于各专业图件，在编排时按下面要求进行。

(1) 基本图在前，详图在后。

(2) 先施工的在前，后施工的在后。

(3) 重要的在前，次要的在后。

音频 3：施工图的
编排次序.mp3

2) 编排次序

一套完整的房屋施工图的编排次序如下。

(1) 首页图。首页图列出了图纸目录，在图纸目录中有各专业图纸的图件名称、数量、所在位置，反映出一套完整施工图纸的编排次序，便于查找。

(2) 设计总说明。

① 工程设计的依据：建筑面积、单位面积造价以及有关地质、水文、气象等方面资料。

② 设计标准：建筑标准，结构荷载等级，抗震设防标准，采暖、通风、照明标准等。

③ 施工要求：施工技术要求；建筑材料要求，如水泥标号、混凝土强度等级、砖的标号、钢筋的强度等级、水泥砂浆的标号等。

(3) 建筑施工图。总平面图—建筑平面图(底层平面图—标准层平面图—顶层平面图—屋顶平面图)—建筑立面图(正立面图—背立面图—侧立面图)—建筑剖面图—建筑详图(厨厕详图—屋顶详图—外墙身详图—楼梯详图—门窗详图—安装节点详图等)。

(4) 结构施工图。结构设计说明—基础平面图—基础详图—结构平面图(楼层结构平面图—屋顶结构平面图)—构件详图(楼梯结构施工图—现浇构件配筋图)。

(5) 给排水施工图。管道平面图—管道系统图—管道加工安装详图—图例及施工说明。

(6) 采暖通风施工图。管道平面图—管道系统图—管道加工安装详图—图例及施工说明。

(7) 电气施工图。线路平面图—线路系统图—线路安装详图—图例及施工说明。

4. 阅读房屋施工图的方法

1) 基本要求

(1) 具备正投影的基本知识，掌握点、线、面正投影的基本规律。

(2) 熟悉施工图中常用的图例、符号、线型、尺寸和比例的含义。

(3) 熟悉各种用途房屋的组成和构造上的基本情况。

2) 阅读方法

阅读时要从大局入手，按照施工图的编排次序，由粗到细、前后对照阅读。

(1) 先读首页图：从首页图的图纸目录中，可以了解到该套房屋施工图由哪几类专业图纸组成、各专业图纸有多少张、每张图纸的图名及图号。

(2) 阅读设计总说明：从中可了解设计的依据、设计标准以及施工中的基本要求，也可了解到图中没有绘出而设计人员认为应该说明的内容。

(3) 按建筑施工图—结构施工图—设备施工图顺序逐张阅读。

(4) 在各类专业图纸阅读中，基本图和详图要对照阅读，看清楚各专业图纸表示的主要内容。

(5) 如果建筑施工图和结构施工图发生矛盾，应以结构施工图为准(构件尺寸)，以保证建筑物的强度和施工质量。

1.2 图例符号

1.2.1 常用建筑材料图例

常用建筑材料图例如表 1-1 所示。

常用图例符号.mp

表 1-1　常用建筑材料图例

序　号	名　称	图　例	说　明
1	自然土壤		包括各种自然土壤
2	夯实土壤		—

续表

序　号	名　称	图　例	说　明
3	砂、灰土		靠近轮廓线绘较密的点
4	砂砾石、碎砖三合土		—
5	石材		—
6	毛石		—
7	普通砖		包括实心砖、多孔砖、砌块等砌体。断面较窄不易绘出图例线时可涂红
8	耐火砖		包括耐酸砖等砌体
9	空心砖		指非承重砖砌体
10	饰面砖		包括铺地砖、马赛克、陶瓷锦砖、人造大理石等
11	焦渣、矿渣		包括与水泥、石灰等混合而成的材料
12	混凝土		①本图例指能承重的混凝土及钢筋混凝土； ②包括各种强度等级、骨料、添加剂的混凝土；
13	钢筋混凝土		③在剖面图上画出钢筋时，不画图例线； ④断面图形小，不易画出图例线时可涂黑
14	多孔材料		包括水泥珍珠岩、沥青珍珠岩、泡沫混凝土、非承重加气混凝土、软木、蛭石制品等
15	纤维材料		包括矿棉、岩棉、玻璃棉、麻丝、木丝板、纤维板等
16	泡沫塑料材料		包括聚苯乙烯、聚乙烯、聚氨酯等多孔聚合物类材料

续表

序　号	名　称	图　例	说　明
17	木材	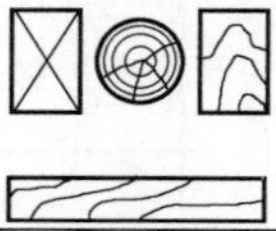	①上图为横断面，上右图为垫木、木砖或木龙骨； ②下图为纵断面
18	胶合板	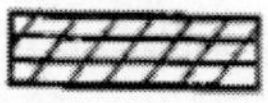	应注明为×层胶合板
19	石膏板	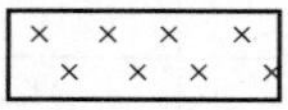	包括圆孔、方孔石膏板、防水石膏板等
20	金属	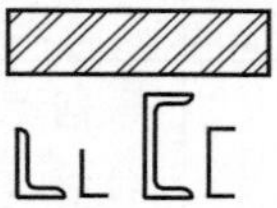	①包括各种金属； ②图形小时可涂黑
21	网状材料		①包括金属、塑料网状材料； ②应注明具体材料名称
22	液体	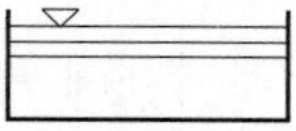	应注明具体液体名称
23	玻璃	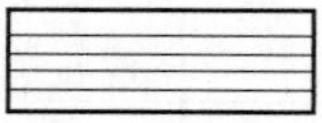	包括平板玻璃、磨砂玻璃、夹丝玻璃、钢化玻璃、中空玻璃、夹层玻璃、镀膜玻璃等
24	橡胶	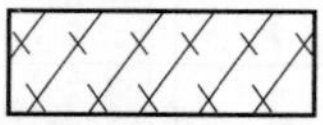	—
25	塑料	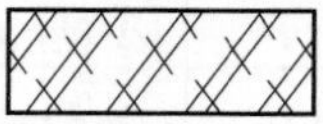	包括各种软、硬塑料及有机玻璃等
26	防水材料		构造层次多或比例大时，采用上面图例
27	粉刷		本图例采用较稀的点

注：序号1、2、5、7、8、13、14、16、17、18、20图例中的斜线、短斜线、交叉斜线等均为45°。

1.2.2 建筑构造及配件图例

建筑构造及配件图例如表1-2所示。

表 1-2　建筑构造及配件图例

序　号	名　　称	图　　例	说　　明
1	墙体		①上图为外墙，下图为内墙； ②外墙粗线表示有保温层或有幕墙； ③应加注文字或涂色或图案填充表示各种材料的墙体； ④在各层平面图中防火墙宜着重以特殊图案填充表示
2	隔断		①加注文字或涂色或图案填充表示各种材料的轻质隔断； ②适用于到顶与不到顶隔断
3	玻璃幕墙		幕墙龙骨是否表示由项目设计决定
4	栏杆		
5	楼梯		①上图为底层楼梯平面，中图为中间层楼梯平面，下图为顶层楼梯平面； ②楼梯及栏杆扶手的形式和梯段踏步数应按实际情况绘制
6	坡道		上图为长坡道，下图为门口坡道
7	台阶		—
8	平面高差		适用于高差小于 100mm 的两个地面或楼面相接处
9	检查孔		左图为可见检查孔； 右图为不可见检查孔

续表

序 号	名 称	图 例	说 明
10	孔洞		阴影部分可以涂色代替
11	坑槽		—
12	墙预留洞	宽×高或φ 底(顶或中心)标高	①以洞中心或洞边定位； ②宜以涂色区别墙体和留洞位置
13	墙预留槽	宽×高×深或φ 底(顶或中心)标高	
14	烟道		①阴影部分可以涂色代替； ②烟道与墙体同一材料，其相接处墙身线应连通； ③烟道、风道根据需要增加不同材料的内衬
15	风道		
16	新建的墙和窗		①本图以小型砌块为图例，绘图时应按所用材料的图例绘制，不便以图例绘制的，可在墙面上以文字或代号注明； ②小比例绘图时，平、剖面窗线可用单粗实线表示
17	应拆除的墙		—
18	在原有墙或楼板上新开的洞		—

续表

序　号	名　称	图　例	说　明
19	在原有洞旁扩大的洞		—
20	在原有墙或楼板上全部填塞的洞		—
21	在原有墙或楼板上局部填塞的洞		—

1.2.3 建筑门窗图例

建筑门窗图例如表 1-3 所示。

表 1-3　建筑门窗图例

序　号	名　称	图　例	说　明
1	空门洞		
2	单扇门(包括平开或单面弹簧)		①门的名称代号用 M 表示; ②图例中剖面图左为外、右为内,平面图下为外、上为内; ③立面图上开启方向线交角的一侧为安装合页的一侧,实线为外开,虚线为内开; ④平面图上门线应 90° 或 45° 开启,开启弧线应绘出; ⑤立面图上的开启线在一般设计图中可不表示,在详图及室内设计图中应表示; ⑥立面形式应按实际情况绘出
3	双扇门(包括平开或单面弹簧)		
4	对开折叠门		

续表

序 号	名 称	图 例	说 明
5	墙外单扇推拉门	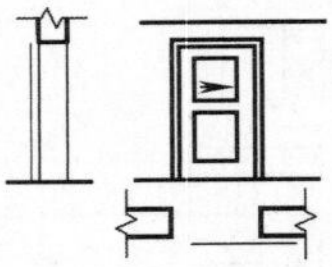	①门的名称代号用 M 表示；②图例中剖面图左为外、右为内，平面图下为外、上为内；③立面形式应按实际情况绘制
6	墙外双扇推拉门	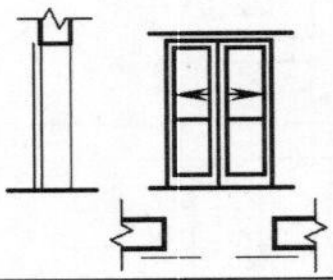	
7	单扇双面弹簧门	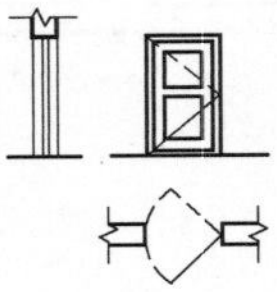	①门的名称代号用 M 表示；②图例中剖面图左为外、右为内，平面图下为外、上为内；③立面图上开启方向线交角的一侧为安装合页的一侧，实线为外开，虚线为内开；④平面图上门线应 90° 或 45° 开启，开启弧线应绘出；⑤立面图上的开启线在一般设计图中可不表示，在详图及室内设计图中应表示；⑥立面形式应按实际情况绘出
8	双扇双面弹簧门	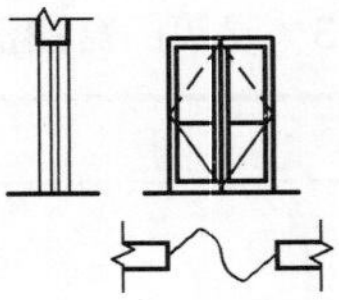	
9	单扇内外开双层门(包括平开或单面弹簧)	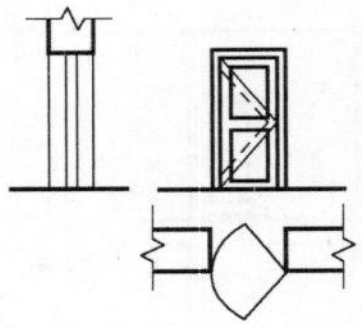	
10	双扇内外开双层门(包括平开或单面弹簧)	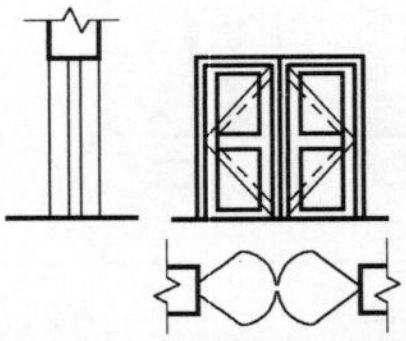	

序　号	名　称	图　例	说　明
11	转门		①门的名称代号用 M 表示； ②图例中剖面图左为外、右为内，平面图下为外、上为内； ③平面图上门线应 90° 或 45° 开启，开启弧线宜绘出； ④立面图上的开启线在一般设计图中可不表示，在详图及室内设计图上应表示； ⑤立面形式应按实际情况绘制
12	自动门		①门的名称代号用 M 表示； ②图例中剖面图左为外、右为内，平面图下为外、上为内； ③立面形式应按实际情况绘制
13	折叠上翻门		①门的名称代号用 M 表示； ②图例中剖面图左为外、右为内，平面图下为外、上为内； ③立面图上开启方向线交角的一侧为安装合页的一侧，实线为外开，虚线为内开； ④立面形式应按实际情况绘制； ⑤立面图上的开启线在设计图中应表示出来
14	竖向卷帘门		①门的名称代号用 M 表示； ②图例中剖面图左为外、右为内，平面图下为外、上为内； ③立面形式应按实际情况绘制
15	横向卷帘门		

续表

序　号	名　称	图　例	说　明
16	提升门	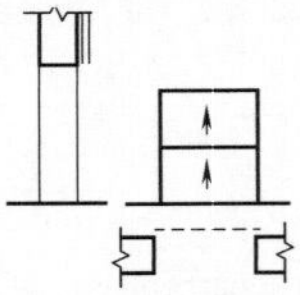	①门的名称代号用 M 表示； ②图例中剖面图左为外、右为内，平面图下为外、上为内； ③立面形式应按实际情况绘制
17	单层固定窗	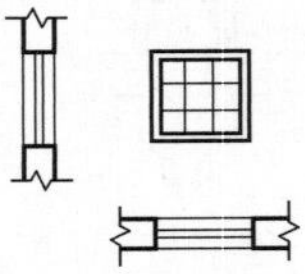	
18	单层外开上悬窗	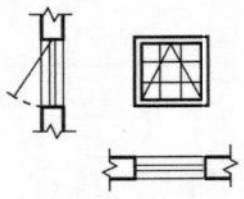	
19	单层中悬窗	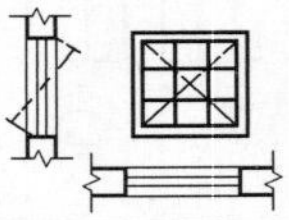	①窗的名称代号用 C 表示。 ②立面图中的斜线表示窗的开启方向，实线为外开，虚线为内开；开启方向线交角的一侧为安装合页的一侧，一般设计图中可不表示。
20	单层内开下悬窗	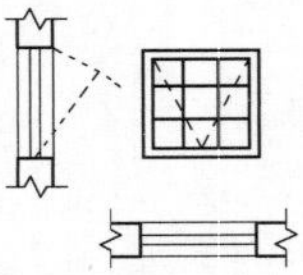	③图例中，剖面图左为外、右为内，平面图下为外、上为内。 ④平面图和剖面图上的虚线仅说明开关方式，在设计图中无须表示。
21	立转窗	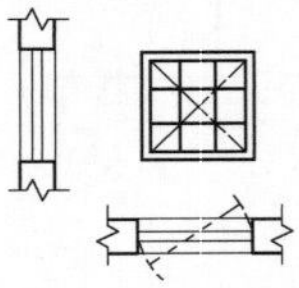	⑤窗的立面形式应按实际绘制。 ⑥小比例绘图时平、剖面的窗线可用单粗实线表示
22	单层外开平开窗	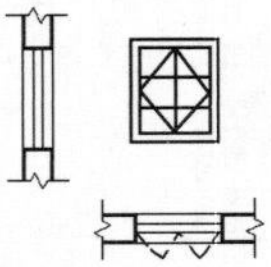	
23	双层内外开平开窗	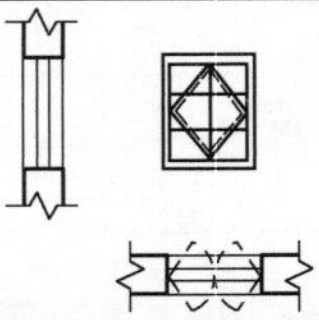	

序　号	名　称	图　例	说　明
24	推拉窗		①窗的名称代号用 C 表示； ②图例中，剖面图左为外，右为内，平面图下为外，上为内； ③窗的立面形式应按实际绘制； ④小比例绘图时平、剖面的窗线可用单粗实线表示
25	上推窗		
26	百叶窗		①窗的名称代号用 C 表示。 ②立面图中的斜线表示窗的开启方向，实线为外开，虚线为内开；开启方向线交角的一侧为安装合页的一侧，一般设计图中可不表示。 ③图例中，剖面图左为外，右为内，平面图下为外，上为内。 ④平面图和剖面图上的虚线仅说明开关方式，在设计图中无须表示。 ⑤窗的立面形式应按实际绘制
27	高窗		

结构代号和钢筋图例.mp4

1.2.4 结构构件代号

结构构件代号如表 1-4 所示。

表 1-4 结构构件代号

序 号	名 称	代 号	序 号	名 称	代 号	序 号	名 称	代 号
1	板	B	19	圈梁	QL	37	承台	CT
2	屋面板	WB	20	过梁	GL	38	设备基础	SJ
3	空心板	KB	21	连系梁	LL	39	桩	ZH
4	槽形板	CB	22	基础梁	JL	40	挡土墙	DQ
5	折板	ZB	23	楼梯梁	TL	41	地沟	DG
6	密肋板	MB	24	框架梁	KL	42	柱间支撑	ZC
7	楼梯板	TB	25	框支梁	KZL	43	垂直支撑	CC
8	盖板或沟盖板	GB	26	屋面框架梁	WKL	44	水平支撑	SC
9	挡风板或檐口板	YB	27	檩条	LT	45	梯	T
10	吊车安全走道板	DB	28	屋架	WJ	46	雨篷	YP
11	墙板	QB	29	托架	TJ	47	阳台	YT
12	天沟板	TGB	30	天窗架	CJ	48	梁垫	LD
13	梁	L	31	框架	KJ	49	预埋件	M-
14	屋面梁	WL	32	刚架	GJ	50	天窗端壁	TD
15	吊车梁	DL	33	支架	ZJ	51	钢筋网	W
16	单轨吊车梁	DDL	34	柱	ZH	52	钢筋骨架	G
17	轨道连接	DGL	35	框架柱	KZ	53	基础	J
18	车挡	CD	36	构造柱	GZ	54	暗柱	AZ

1.2.5 钢筋图例

钢筋图例如表 1-5 所示。

表 1-5　钢筋图例

序　号	名　　称	图　例	说　明
1	钢筋断面	●	—
2	无弯钩钢筋		—
3	无弯钩钢筋端部		长短筋重叠时，短筋端部用45°短线表示
4	带半圆形弯钩的钢筋		—
5	带直钩的钢筋		—
6	带丝扣的钢筋		—
7	无弯钩的钢筋搭接		—
8	带半圆钩的钢筋搭接		—
9	带直钩的钢筋搭接		—
10	花篮螺栓搭接		—
11	预应力钢筋或钢绞线		—
12	后张法预应力钢筋断面 无黏结预应力钢筋断面		—
13	预应力钢筋断面		—
14	锚具的端视图		—

1.2.6　木结构与钢结构图例

(1) 木结构图例如表 1-6 所示。

表 1-6　木结构图例

序　号	名　　称	图　例	说　明
1	圆木	ϕ或d	①木材的断面图均应画出横纹线或顺纹线； ②立面图一般不画木纹线，但木构件的立面图均须绘出木纹线
2	半圆木	$1/2\phi$或d	—

续表

序 号	名 称	图 例	说 明
3	方木	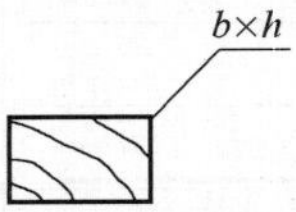 $b \times h$	—
4	木板	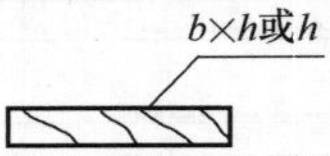 $b \times h$或h	—
5	钉连接正面画法 (看得见钉帽的)	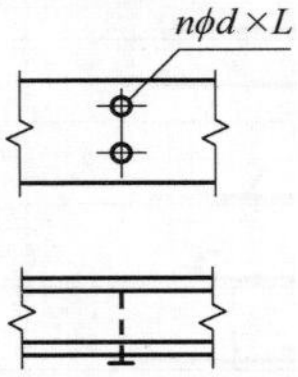 $n\phi d \times L$	—
6	钉连接背面画法 (看不见钉帽的)	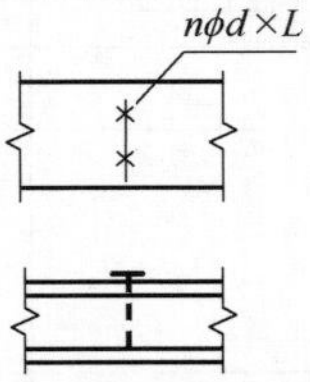 $n\phi d \times L$	—
7	木螺钉连接正面画法 (看得见钉帽的)	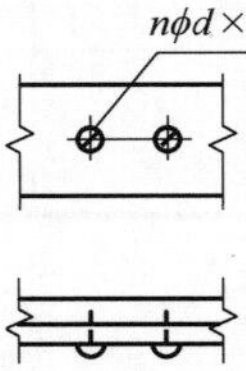 $n\phi d \times L$	—
8	木螺钉连接背面画法 (看不见钉帽的)	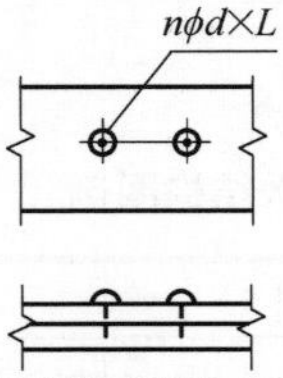 $n\phi d \times L$	—
9	杆件连接		仅用于单线图中
10	螺栓连接	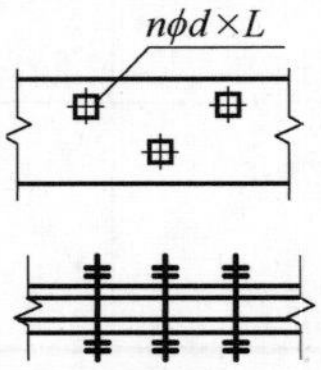 $n\phi d \times L$	①当采用双螺母时应加以注明; ②当采用钢夹板时,可不画垫板线

续表

序　号	名　称	图　例	说　明
11	齿连接		—

(2) 钢结构图例如表 1-7 所示。

表 1-7　钢结构图例

序　号	名　称	截　面	标　注	说　明
1	等边角钢		$\llcorner_{b\times t}$	b 为肢宽 t 为肢厚
2	不等边角钢	B	$\llcorner_{B\times b\times t}$	B 为长肢宽 b 为短肢宽 t 为肢厚
3	工字钢		I N　Q I N	轻型工字钢加注 Q 字
4	槽钢		⌷ N　Q ⌷ N	轻型槽钢加注 Q 字
5	方钢	b	□ b	—
6	扁钢	b	— $b\times t$	—
7	钢板		$\dfrac{-b\times t}{L}$	$\dfrac{宽\times厚}{板长}$
8	圆钢		ϕd	—
9	钢管		$\phi d\times t$	d 为外径 t 为壁厚

续表

序 号	名 称	截 面	标 注	说 明
10	薄壁方钢管		B □ $b×t$	
11	薄壁等肢角钢		B $b×t$	
12	薄壁等肢卷边角钢		B $b×a×t$	
13	薄壁槽钢		B $h×b×t$	薄壁型钢加注 B 字，t 为壁厚
14	薄壁卷边槽钢		B $h×b×a×t$	
15	薄壁卷边 Z 型钢		B $h×b×a×t$	
16	T 型钢		TW×× TM×× TN××	TW 为宽翼缘 T 型钢 TM 为中翼缘 T 型钢 TN 为窄翼缘 T 型钢
17	H 型钢		HW×× HM×× HN××	HW 为宽翼缘 H 型钢 HM 为中翼缘 H 型钢 HN 为窄翼缘 H 型钢
18	起重机钢轨		QU××	详细说明产品规格型号
19	轻轨及钢轨		××kg/m 钢轨	

1.2.7 总平面图图例

总平面图图例如表 1-8 所示。

表 1-8 总平面图图例

序 号	名 称	图 例	说 明
1	新建建筑物	12	①需要时可用▲表示出入口，可在图形右上角用点数或数字表示层数。 ②建筑物外形(一般以±0.000 高度处的外墙定位轴线或外墙面线为准)用粗实线表示。需要时，地面以上建筑用中粗实线表示，地面以下建筑用细虚线表示
2	原有建筑物计划		用细实线表示
3	计划扩建的预留地或建筑物		用中粗虚线表示
4	拆除的建筑物		用细实线表示
5	建筑物下面的通道		—
6	围墙及大门		上图表示实体性质的围墙，下图为通透性质的围墙，若仅表示围墙时不画大门
7	挡土墙		被挡的土在突出的一侧
8	坐标	X105.00 Y425.00 A105.00 B425.00	①上图表示测量坐标； ②下图表示施工坐标
9	方格网交叉点标高	−0.50 | 77.85 | 78.35	①"78.35"为原地面标高； ②"77.85"为设计标高； ③"−0.50"为施工标高； ④"−"表示挖方("+"表示填方)

续表

序 号	名 称	图 例	说 明
10	填方区、挖方区、未整平区及零点线	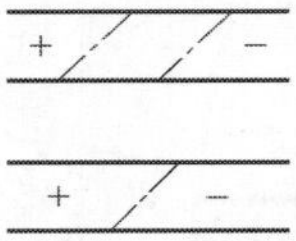 + / −　　+ −	①"+"表示填方区； ②"−"表示挖方区； ③中间为未整平区； ④单点长画线为零点线
11	填挖边坡	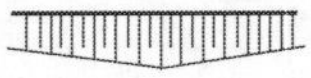	①边坡较长时，可在一端或两端局部表示； ②下边线为虚线时表示填方
12	护坡	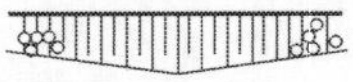	
13	室内标高	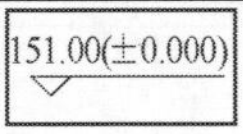 151.00(±0.000)	—
14	室外标高	 ▼ 143.00	室外标高也可采用等高线表示
15	新建道路	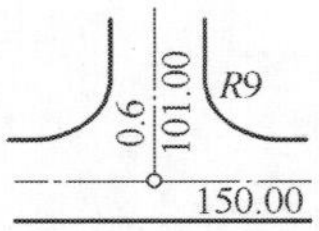 0.6　101.00　R9　150.00	①"R9"表示道路转弯半径9m； ②"150.00"表示路面中心控制点标高； ③"0.6"表示0.6%的纵向坡度； ④"101.00"表示变坡点间距离
16	原有道路		—
17	计划扩建的道路		—
18	拆除的道路	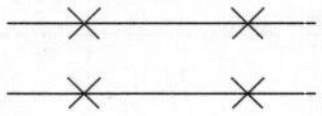	—
19	桥梁	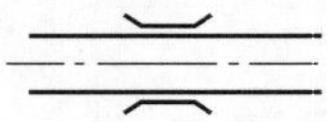 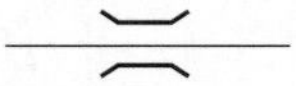	①上图为公路桥，下图为铁路桥； ②用于旱桥时应注明
20	落叶针叶树		—

续表

序　号	名　称	图　例	说　明
21	常绿阔叶灌木		—
22	草坪		—

第 2 章　建筑施工图

2.1 建筑施工图首页及总平面图

2.1.1 施工图首页

建筑施工图主要用来表达建筑设计的内容，即表示建筑物的总体布局、外部造型、内部布置、内外装饰、细部构造及施工要求。它包括首页图、总平面图、建筑平面图、立面图、剖面图和建筑详图等。

建筑施工图首页图是建筑施工图的第一张图样，主要内容包括图纸目录、设计说明、工程做法表和门窗表。

1. 图纸目录

图纸目录是按照先列新绘制的施工图纸、后列选用的图集和标准图的顺序对图纸序号进行排列。读图时，首先要查看图纸目录。图纸目录可以帮助了解该套图纸有几类，各类图纸有几张，每张图纸的图号、图名、图幅大小；如采用标准图，应写出所使用标准图的名称、所在标准图集的图号和页次。图纸目录常用表格表示，图纸目录编制目的是为了便于查找图纸。

图纸目录说明工程由哪几类专业图样组成，各专业图样的名称、张数和图纸顺序，以便查阅图样。例如，某自建别墅住宅施工图的图纸目录，如表 2-1 所示。该住宅楼共有建筑施工图 5 张，结构施工图 5 张。

表 2-1　图纸目录

图别	图号	图　名	图幅	图别	图号	图　　名	图幅
建施	01	建筑设计总说明	A2	结施	06	结构设计总说明	A2
建施	02	一层平面图、二层平面图	A2	结施	07	基础结构平面布置图、基础大样图	A2
建施	03	三层平面图、屋面平面图	A2	结施	08	二层梁钢筋图、二层板钢筋图	A2
建施	04	立面图、剖面图	A2	结施	09	三层梁钢筋图、三层板钢筋图	A2
建施	05	楼梯详图	A2	结施	10	屋面梁钢筋图、屋面板钢筋图	A2

图纸目录还有其他样式。例如，某工程建筑施工图的图纸目录，如表 2-2 所示。

表2-2　某工程建筑施工图图纸目录

目　录							
建　筑				结　构			
序号	图号	图名	图纸型号	序号	图号	图名	图纸型号
1	建施-0	建筑设计说明		1	结施-1	结构设计总说明(一)	
2	建施-1	工程做法		2	结施-2	结构设计总说明(二)	
3	建施-2	地下一层平面图		3	结施-3	基础结构平面图	
4	建施-3	一层平面图		4	结施-4	-4.400～-0.100 剪力墙、柱平法施工图	
5	建施-4	二层平面图		5	结施-5	-0.100～19.500 剪力墙、柱平法施工图	
6	建施-5	三层平面图		6	结施-6	剪力墙柱详图	
7	建施-6	四层平面图		7	结施-7	-0.100 梁平法施工图	
8	建施-7	机房层平面图		8	结施-8	3.800 梁平法施工图	
9	建施-8	屋面平面图		9	结施-9	7.700～11.600 梁平法施工图	
10	建施-9	A—A、B—B 剖面图		10	结施-10	15.500～19.500 梁平法施工图	
11	建施-10	①～⑩轴立面图		11	结施-11	-0.100 板平法施工图	
12	建施-11	⑩～①轴立面图		12	结施-12	3.800 板平法施工图	
13	建施-12	Ⓐ～Ⓔ、Ⓔ～Ⓐ轴立面图		13	结施-13	7.700～11.600 板平法施工图	
14	建施-13	一号楼梯详图		14	结施-14	15.500～19.500 板平法施工图	
15	建施-14	二号楼梯详图		15	结施-15	一号楼梯平法施工图	
16	建施-15	一号卫生间详图、电梯详图		16	结施-16	二号楼梯平法施工图	
17	建施-16	地下一层构造柱位置示意图					
18	建施-17	一层构造柱位置示意图					
19	建施-18	二层构造柱位置示意图					
20	建施-19	三层构造柱位置示意图					
21	建施-20	四层构造柱位置示意图					
22	建施-21	机房层构造柱位置示意图					
		日期内容摘要	经办人			日期内容摘要	经办人
	作废				作废		
	变更				变更		
	记录				记录		

2．设计说明

拟建房屋的施工要求和总体布局，由施工总说明和建筑总平面图表示出来。一般中小型房屋建筑施工图首页(即施工图的第一页)就包含了这些内容。

对整个工程的统一要求(如材料、质量要求)、具体做法及该工程的有关情况都可在施工总说明中作具体的文字说明。具体包括以下几个主要部分。

1）设计依据

设计依据包括政府的有关批文。这些批文主要有两个方面的内容：一是立项、规划许可证等；二是相关法规、规范。例如，某工程的设计依据如下。

(1)　××市建设用地规划设计条件。

(2)　××市建筑用地红线图。

(3)　《民用建筑设计统一标准》GB 50352—2019。

(4)　《建筑设计防火规范》GB 50016—2014。

(5)　业主对本工程的设计要求。

2）工程概况

工程概况主要包括建筑名称、地点、建设单位、建筑面积、设计使用年限、建筑层数和高度、抗震等级、耐火等级等重要的工程建设信息。例如，某工程的工程概况如下。

(1)　本工程为农用自建房；建设地点为政府规划用地。

(2)　主要经济技术指标，见表2-3。

表 2-3　主要经济技术指标

建筑占地面积	总建筑面积	建筑高度	建筑层数
120m²	327m²	100.000m	三

(3)　建筑等级、分类及防水等级、标准，见表2-4。

表 2-4　建筑等级、分类及防水等级、标准

建筑结构	建筑等级	建筑分类	耐火等级	防雷等级	屋面防水等级	建筑使用年限	抗震设防烈度
框混	三级	三级	二级	三级	Ⅱ级	50	小于6度

3）各分部、分项工程的常规要求

(1)　例如，有关墙身防潮层的构造做法、砌体墙阳角处的构造做法等。

墙身防潮层。例如，某工程墙身防潮层的构造做法如下。

防潮层设于室内地面下-0.060m处，四周封闭设置。遇钢筋混凝土梁不设。

防潮层做法：20mm厚1∶2水泥砂浆内掺5%防水剂。地面有高差时应在高迎水面一侧

做垂直防潮层，做法同水平防潮层。要求其水平且与防潮层连成整体。

(2) 墙体阳角处的构造做法。

某工程的墙体阳角处的(包)护角构造举例如下。

无构造柱的墙体阳角及门窗的隔离处均做 50mm 宽 1：2 水泥砂浆护角。

4) 其他及注意事项

相关注意事项包括工程的一般规定。某工程的施工中注意事项如下。

(1) 施工时必须紧密配合各专业施工图纸进行施工，确定预埋件、预留孔洞位置、尺寸后，做好预留工作。

(2) 两种材料的墙体交接处，应根据饰面前加钉金属网或在施工中加贴玻璃丝网格布，防止饰面裂缝。

(3) 所有预埋木砖、木制品均应满涂防腐剂，所有预埋镀锌铁皮、铁件均应两面刷防锈漆。

(4) 凡涉及花色、规格等的材料，均应在施工前制作或提供样品或样板，由建设单位和设计人员认可后方可订货施工。未注明部分待装修材料选定后二次装修确定。

(5) 未尽事宜详见国家现行的有关施工验收规范及选用标准设计的有关规定。

3. 工程做法表

工程做法表主要是对建筑各部位构造做法用表格的形式加以详细说明，如表 2-5 所示。当大量引用通用图集时，使用工程做法表方便、高效。在表中应对各施工部位的名称、做法等进行详细表达，如采用标准图集中的做法，应注明所采用标准图集的代号、做法编号，如有改变应在备注中说明。

表 2-5　工程构造做法选用表

项　目		构造做法
地面	卫生间	①8～13mm 厚铺防滑地砖地面； ②20mm 厚 1：2 水泥砂浆接合层； ③20mm 厚 1：3 水泥砂浆找平层； ④100mm 厚 C15 素混凝土垫层； ⑤80mm 厚卵石垫层； ⑥素土夯实
	其他	①13mm 厚 1：1.5 水泥砂浆面层压光； ②12mm 厚 1：2.5 水泥砂浆底层；纯水泥浆一道； ③70mm 厚 C15 混凝土垫层； ④80mm 厚卵石垫层； ⑤素土夯实

续表

项　目		构造做法
楼面	其他	①8～13mm 厚铺地砖面层，纯水泥浆擦缝纯水泥浆一道； ②20mm 厚 1：2 水泥砂浆接合层； ③结构楼板
	卫生间	①铺防滑地砖面层(白水泥浆擦缝)； ②纯水泥砂浆一道； ③1.5mm 厚聚合物水泥防水涂料，四周上翻 300mm； ④20mm 厚 1：2 水泥砂浆找平； ⑤钢筋混凝土楼板
	楼梯	①20mm 厚铺防滑花岗岩楼面，干水泥擦缝； ②15mm 厚 1：3 干硬性水泥砂浆接合层； ③纯水泥浆一道； ④结构楼梯板
油漆	木门	①木基层清理、除污、打磨等； ②刮腻子、磨光； ③底油一道； ④调和漆两道
	金属构件	①除锈； ②防锈漆或红丹一道； ③刮腻子、磨光； ④银粉漆两道
内墙	卫生间	①贴 5mm 厚贴面砖，白水泥擦缝； ②5mm 厚 1：1 水泥砂浆接合层； ③20mm 厚 1：3 水泥砂浆找平层
	其他	①刷乳胶漆两道； ②刮腻子找平； ③20mm 厚 1：1：6 水泥石灰砂浆打底
顶棚		①刷乳胶漆两道； ②刮腻子找平； ③8mm 厚 1：1：4 水泥石灰麻刀砂浆底

续表

项 目		构造做法
屋面	上人平屋面	①40mm 厚 C20 细石混凝土随捣随抹(φ4@150 双向); ②20mm 厚 1∶3 水泥砂浆; ③40mm 厚挤塑聚苯板; ④1.5mm 厚 SBS 改性沥青防水卷材; ⑤20mm 厚 1∶3 水泥砂浆; ⑥60mm 厚 1∶6 水泥焦砟最薄处厚 30mm; ⑦现浇钢筋混凝土结构层 注:防水材料应采用不含焦油型
	不上人屋面	①外表浅色涂层防水层; ②20mm 厚 1∶2 水泥砂浆(编织钢丝网片一层),合成纤维无纺布一层; ③40mm 厚挤塑聚苯板; ④1.5mm 厚 SBS 改性沥青防水卷材; ⑤20mm 厚 1∶3 水泥砂浆; ⑥60mm 厚 1∶6 水泥焦砟最薄处厚 30mm
踢脚	地砖	①铺地砖面层 150mm 高,稀水泥浆擦缝; ②8mm 厚 1∶0.2∶2 混合砂浆 ruv 合层; ③12mm 厚 1∶3 水泥砂浆底层,扫毛或划出纹道
	其他	①10mm 厚 1∶2 水泥砂浆面层; ②15mm 厚 1∶3 水泥砂浆底层
外墙	涂料墙面	①高级外墙涂料(立面颜色具体由甲方定); ②柔性耐水腻子(12mm 厚 1∶3 水泥砂浆底); ③3mm 厚抗裂砂浆(网格布); ④30mm 厚聚苯颗粒保温浆料; ⑤界面剂; ⑥240mm 厚 KP1 烧结多孔砖; ⑦20mm 厚混合砂浆

4. 门窗表

门窗表是对建筑物上所有不同类型的门窗统计后列成的表格,以备施工、预算需要。在门窗表中应反映门窗的类型、大小、所选用的标准图集及其类型编号,如有特殊要求,应在备注中加以说明。

门窗表通常分为序号、编号、洞口尺寸、数量、选用标准图集的代号、在图集内的门窗编号、备注等栏。门窗的编号通常按照洞口尺寸的大小依次编写，门的编号为 M-1，M-2，M-3，…，窗的编号为 C-1，C-2，C-3，…，有时也可以直接采用门窗在图集内的编号或用洞口尺寸进行编号。某农用自建房门窗表如表 2-6 所示；某工程门窗表如表 2-7 所示。

其中，读表 2-6 可知，某农用自建房采用了 5 种门，1 种铁开门和 4 种尺寸的胶合板门；采用了 5 种窗以及各门窗的尺寸。

表 2-6 某农用自建房门窗表

门窗名称		洞口尺寸		樘 数	备 注
		宽/mm	高/mm		
门	M1	3650	3700	2	铁开门
	16M0821	800	2100	120	参见标准图集《浙 J2-93》胶合板门
	16M0921	900	2100	24	
	16M1021	1000	2100	108	
	16M1221	1200	2100	2	
窗	LTC2418B	2700	1800	96	参见标准图集《99 浙 J7》铝合金窗 90 系列
	LTC2418B	2400	1800	44	
	LTC1818B	1800	1800	12	
	仿 LTC2418B	2220	1800	8	
	GC0906	900	600	108	窗台离本层楼面高 2400mm

表 2-7 某工程门窗表

编号	名 称	规格(洞口尺寸)/mm		数 量							选 号
		宽	高	地下一层	一层	二层	三层	四层	机房层	总计	
M1	木质夹板门	1000	2100	2	10	8	8	8	—	36	甲方确定
M2	木质夹板门	1500	2100	2	1	3	6	7	—	19	甲方确定
JFM1	钢质甲级防火门	1000	2000	1	—	—	—	—	—	1	甲方确定
JFM2	钢质甲级防火门	1800	2100	1	—	—	—	—	—	1	甲方确定
YFM1	钢质乙级防火门	1200	2100	1	2	2	2	2	2	11	甲方确定
JXM1	木质丙级防火检修门	550	2000	1	1	1	1	1	—	5	甲方确定

续表

编号	名称	规格(洞口尺寸)/mm		数量							选号
		宽	高	地下一层	一层	二层	三层	四层	机房层	总计	
JXM2	木质丙级防火检修门	1200	2000	1	1	1	1	1	—	5	甲方确定
LM1	铝塑平开门	2100	3000	—	1	—	—	—	—	1	甲方确定
TLM1	玻璃推拉门	3000	2100	—	1	—	—	—	—	1	甲方确定
LC1	铝塑上悬窗	900	2700	—	10	12	24	24	—	70	详见立面
LC2	铝塑上悬窗	1200	2700	—	16	16	16	16	—	64	详见立面
L3	铝塑上悬窗	1500	2700	—	2	—	—	—	—	2	详见立面
TLC1	铝塑平开飘窗	1500	2700	—	—	2	2	2	—	8	详见立面
LC4	铝塑上悬窗	900	1800	—	—	—	—	—	4	4	详见立面
LC5	铝塑上悬窗	1200	1800	—	—	—	—	—	2	2	详见立面

2.1.2 总平面图的内容

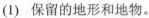

1. 在建筑总平面图中应包括的内容

(1) 保留的地形和地物。

(2) 测量坐标网、坐标值、场地范围的测量坐标(或定位尺寸)，道路红线，建筑控制线，用地红线。

(3) 场地四邻原有及规划的道路、绿化带等的位置(主要坐标或定位尺寸)和主要建筑物及构筑物的位置、名称、层数、间距。

(4) 建筑物、构筑物的位置，人防工程、地下车库、油库、贮水池等隐蔽工程用虚线表示。

建筑施工图首页及总平面图的构成.mp3

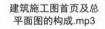

(5) 与各类控制线的距离，其中主要建筑物、构筑物应标注坐标(或定位尺寸)；与相邻建筑物之间的距离及建筑物总尺寸、名称(或编号)、层数。

扩展资源1.新建建筑物的位置确定.docx

(6) 道路、广场的主要坐标(或定位尺寸)，停车场及停车位、消防车道及高层建筑消防扑救场地的布置，必要时加绘交通流线示意。

(7) 绿化、景观及休闲设施的布置示意，并标示出护坡、挡土墙，排水沟等。

(8) 指北针或风玫瑰图。

(9) 主要技术经济指标表。

(10) 说明栏内注写：尺寸单位、比例、地形图的测绘单位、日期，坐标及高程系统名称(如为场地建筑坐标网时，应说明其与测量坐标网的换算关系)，补充图例及其他必要的说明等。某住宅总平面图如图 2-1 所示。

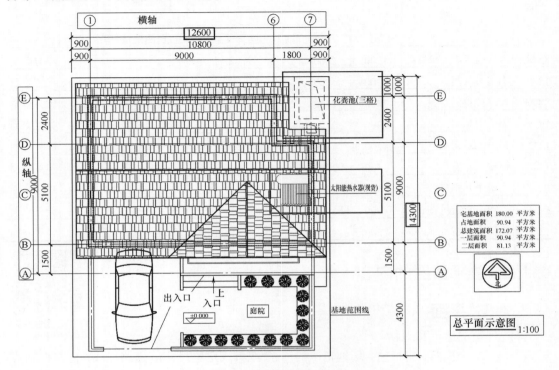

图 2-1 某住宅总平面图

从图 2-1 中可知以下几点。

(1) 总平面示意图的绘图比例是 1∶100。如图 2-2 中指北针朝向，可知该建筑坐北朝南。

图 2-2 指北针示意图

(2) 该住宅的宅基地面积为 180.00m²，占地面积为 90.94m²，总建筑面积为 172.07m²，一层面积为 90.94m²，二层面积为 81.13m²。

(3) 建筑尺寸为 12600mm×14300mm。

(4) 建筑东北角有一个化粪池，屋顶设有太阳能热水器。大门内设停车位和庭院绿植，庭院室外地面的绝对标高为±0.000。

2. 建筑总平面图布置

建筑总平面图布置的是建筑物及附属物与建筑物所在场地、道路的相互关系。

应当依据已经依法批准的控制性详细规划，对所在地块的建设提出具体的安排和设计。其内容包括以下几项。

(1) 建设条件分析及综合技术经济论证。

(2) 建筑、道路和绿地等的空间布局和景观规划设计，布置总平面图。

(3) 对住宅、医院、学校和托幼等建筑进行日照分析。

(4) 根据交通影响分析，提出交通组织方案和设计。

(5) 市政工程管线规划设计和管线综合。

(6) 竖向规划设计。

(7) 估算工程量、拆迁量和总造价，分析投资效益。

以上内容基本可以归纳为"五图一书"："五图"指的是现状图、用地规划图、道路管线工程规划图、环保环卫绿化规划图、近期建设规划图；"一书"指的是规划说明书。

2.1.3 │ 总平面图的读图注意事项

识读总平面图时应注意以下几个事项。

(1) 看图名、比例及有关文字说明。总平面图包括的地面范围较大，所以绘图比例较小，其内容多数是用符号表示的，所以要熟悉各种图示符号的意义。

扩展资源 2.总平面图的图示方法.docx

(2) 了解新建工程的性质和总体布局。了解各建筑物及构筑物的位置、道路、场地和绿化等的布置情况和各建筑物的层数。

(3) 明确新建工程或扩建工程的具体位置。新建工程或扩建工程一般根据原有房屋或道路来定位。当新建成片的建筑物或较大的建筑物时，可用坐标来确定每幢建筑物及道路转折点等的位置。

(4) 看新建房屋底层室内地面和室外整平地面的绝对标高，可知室内外地面高差以及正负零与绝对标高的关系。

(5) 看总平面图上的指北针或风向频率玫瑰图，可知新建房屋的朝向和常年风向频率。

(6) 查看图中尺寸的表现形式，以便查清楚建筑物自身的占地尺寸及相对距离。

(7) 总平面图上有时还画上给排水、采暖、电气等的管网布置图，一般与设备施工图配合使用。

2.2　建筑平面图

建筑平面图的作
用与意义.mp3

扩展图片 1.
平面图.docx

2.2.1　平面图的认知

　　建筑平面图是房屋的水平剖面图，也就是用一个假想的水平面，在窗台之上剖开整幢房屋，移去处于剖切平面上方的房屋，将留下的部分按俯视方向在水平投影面上作正投影所得到的图样。它主要用来表示房屋的平面布置情况，在施工过程中，是进行放线、砌墙和安装门窗等工作的依据。建筑平面图应包括被剖切到的断面、可见的建筑构造和必要的尺寸、标高等内容。

　　由于绘制的建筑平面图比例较小，所以一些构造和配件应该用图例画出。若一幢多层房屋的各层平面布置都不相同，应画出各层的建筑平面图。建筑平面图通常以层次来命名，如底层平面图、二层平面图等；若有两层或更多层的平面布置相同，这几层可以合用一个建筑平面图，称为某两层或某几层平面图，如二、三层平面图，三、四、五层平面图等，也可称为标准层平面图。若两层或几层的平面布置只有少量局部不同，也可以合用一个平面图，但需另绘不同处的局部平面图作为补充。若一幢房屋的建筑平面图左右对称，则习惯上将两层平面图合并画在一张图上，左边画一层的一半，右边画另一层的一半，中间用对称线分界，在对称线两端画上对称符号，并在图的下方分别注明它们的图名。

　　建筑平面图除上述的各层平面图外，还有局部平面图、屋顶平面图等。局部平面图可以用于表示两层或两层以上合用的平面图中的局部不同之处，也可以用来将平面图中某个局部以较大的比例另行画出，以便能较为清晰地表示出室内的一些固定设施的形状和标注的定型、定位尺寸。屋顶平面图则是房屋顶部按俯视方向在水平投影面上所得到的正投影。

2.2.2　平面图的内容

建筑平面图的基本内
容及视图方法.mp3

平面图的内容.mp4

　　1. 图示内容

平面图中包括以下几项内容。

(1)　表示墙、柱、内外门窗位置及编号，房间的名称、轴线编号。

(2)　注出室内外各项尺寸及室内楼地面的标高。

(3)　表示楼梯的位置及楼梯上下行方向。

(4)　表示阳台、雨篷、台阶、雨水管、散水、明沟、花池等的位置及尺寸。

(5)　画出室内设备，如卫生器具、水池、橱柜、隔断以及重要设备的位置、形状。

(6)　表示地下室布局、墙上留洞、高窗等位置、尺寸。

(7) 画出剖面图的剖切符号及编号(在底层平面图上画出，其他平面图上省略不画)。

(8) 标注详图索引符号。

(9) 在底层平面图上画出指北针，如图2-3左图所示。其他层如图2-3右图和图2-5左图所示。

(10) 屋顶平面图一般包括屋顶檐口、檐沟、屋面坡度、分水线与落水口的投影以及出屋顶水箱间、上人孔、消防梯及其他构筑物、索引符号等，如图2-5右图所示。

读图2-3、图2-4可知以下几点。

(1) 图2-3中左图是一层平面图。该建筑坐北朝南。一层尺寸为12240mm×9840mm，墙厚240mm。一层设置有开放式厨房、餐厅、卧室、起居室(带独立卫生间)、门厅、车库。室内楼地面标高为±0.000m，室外地面标高为-0.150m。

(2) 图2-3中右图是二层平面图。二层尺寸为12240mm×9840mm，墙厚240mm。二层设置有两个卧室、一个卫生间、一个起居室和两个带有独立卫生间的卧室。二层楼地面标高为3.300m。

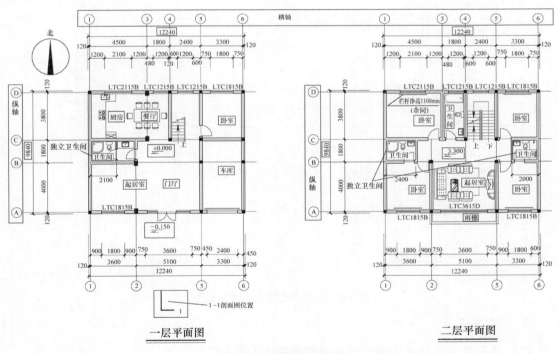

图2-3　一、二层平面图

图2-4　指北针

读图2-5可知以下几点。

(1) 该图中左图是三层平面图。三层尺寸为12240mm×9600mm，墙厚240mm。三层设置有一个卧室、一个卫生间、两个带有独立卫生间的卧室和一个露台。三层楼地面标高为6.300m。露台纵轴方向地面的排水坡度为2%，排水沟排水坡度为1%(有一个排水管)。

(2) 该图中右图是屋面平面图。屋面尺寸为12240mm×9600mm，天沟排水坡度为1%(有6个排水管)。屋面顶标高为11.800m。

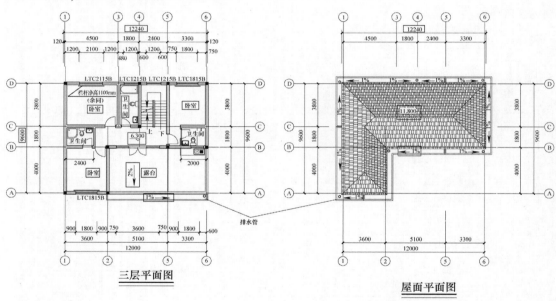

图2-5　三层平面图和屋面平面图

2. 识读要点

(1) 看清图名和绘图比例，了解该平面图属于哪一层。

(2) 阅读平面图时，应由低向高逐层阅读。首先从定位轴线开始，根据所注尺寸看房间的开间和进深，再看墙的厚度或柱子的尺寸，看清楚定位轴线是处于墙体的中央位置还是偏心位置，看清楚门窗的位置和尺寸。尤其应注意各层平面图变化之处。

(3) 在平面图中，被剖切到的砖墙断面上，按规定应绘制砖墙材料图例，若绘图比例不大于 1：50，则不绘制砖墙材料图例。

(4) 平面图中的剖切位置与详图索引标志也是不可忽视的问题，它涉及朝向与所表达的详尽内容。

(5) 房屋的朝向可通过底层平面图中的指北针来了解。

2.3　建筑立面图

2.3.1 立面图的形成

立面图识读.mp4

1. 建筑立面图的形成与作用

建筑立面图，简称立面图，它是在与房屋立面平行的投影面上所作的房屋正投影图。它主要反映房屋的长度、高度、层数等外貌和外墙装修构造。它的主要作用是确定门窗、檐口、雨篷、阳台等的形状和位置以及指导房屋外部装修施工和计算有关预算工程量。

2. 建筑立面图的图示方法

为使建筑立面图主次分明、图面美观，通常将建筑物不同部位采用粗细线型来表示。最外轮廓线画粗实线(b)，室外地坪线用加粗实线(1.4b)，所有突出部位如阳台、雨篷、线脚、门窗洞等用中实线(0.5b)，其余部分用细实线(0.35b)表示。

3. 立面图的命名

立面图的命名方式有 3 种，即扩展图片、立面图、剖面图。
(1) 用房屋的朝向命名，如南立面图、北立面图等。
(2) 根据主要出入口命名，如正立面图、背立面图、侧立面图。
(3) 用立面图上首尾轴线命名，如①～⑧轴立面图或⑧～①立面图。
(4) 立面图的比例一般与平面图相同。

扩展图片 2.立面图、剖面图.docx

2.3.2 立面图的内容

1. 识读方法及作用

在建筑立面图中反映主要出入口或比较显著地反映出房屋外貌特征的那一面的立面图，称为正立面图，其余的立面图相应地称为背立面图和侧立面图。通常也按房屋的朝向来命名，如南立面图、北立面图、东立面图和西立面图等。立面图也可按轴线编号来命名，如①～⑥立面图或Ⓐ～Ⓓ立面图等，如图 2-6～图 2-8 所示。

立面图上应将立面上所有看得见的细部都表示出来。但由于立面图的比例较小，如门窗扇、标识器构造、阳台栏杆和墙面的装修等细部，往往只用图例表示，它们的构造和做法都另有详图说明或文字说明。

房屋立面如果有一部分不平行于投影面，如呈圆弧形、折线形、曲线形等，可将该部分展开(摊平)到与投影面平行，再用正投影法画出立面图，但应在图名后注写"展开"二字。对于平面为"回"字形的，它在院落中的局部立面，可在相应的剖面图上部表示，如不能表示，则应单独给出。

读图 2-6～图 2-8 可知，室外地面标高为-0.150m，室内地面标高为±0.000m，二层楼地面标高为 3.600m，三层楼地面标高为 6.800m，屋顶檐口标高为 10.000m，屋面顶标高为 11.400m。可以看到一层车库大门、二层的雨篷、三层的露台栏杆以及各层的门窗位置。

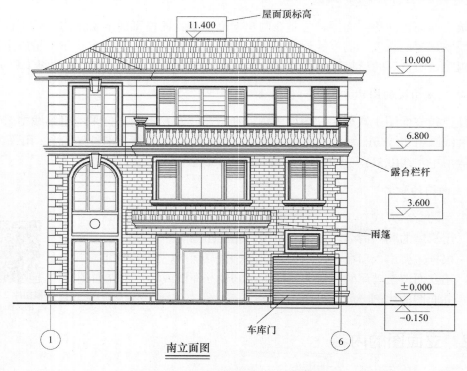

南立面图

图 2-6 某工程的南立面图(正立面图)

北立面图

图 2-7　某工程的北立面图(背立面图)

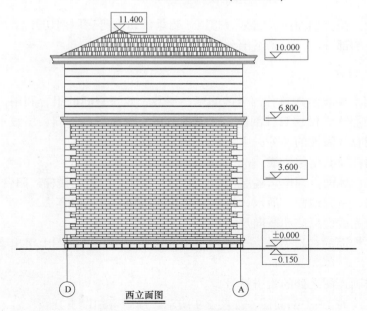

西立面图

图 2-8　某工程的西立面图(侧立面图)

2. 识读内容

(1) 画出室外地面线及房屋的勒脚、台阶、花台、门、窗、雨篷、阳台，室外楼梯、墙、柱，外墙的预留孔洞、檐口、屋顶(女儿墙或隔热层)、雨水管、墙面分格线或装饰构件等。

(2) 注出外墙各主要部位的标高，如室外地面、台阶、窗台、门窗顶、阳台、雨篷、檐口、屋顶等处完成面的标高。一般立面图上可不注高度方向尺寸，但对于外墙留洞，除注出标高外，还应注出其大小尺寸及定位尺寸。

(3) 注出建筑物两端或分段的轴线及编号。

(4) 标出各部分构造、装饰节点详图的索引符号。用图例、文字或列表说明外墙面的装修材料及做法。

2.4 建筑剖面图

2.4.1 剖面图的形成和内容

1. 剖面图的概念

建筑剖面图，简称剖面图，它是假想用一铅垂剖切面将房屋剖切开后移去靠近观察者的部分，作出剩下部分的投影图。

扩展资源 3.剖面图的作用.docx

2. 剖面图的内容

建筑剖面图主要表示建筑各部分的高度、层数、建筑空间的组合利用，以及建筑剖面中的结构关系、层次、做法等。剖面图的剖视位置应选在层高不同、层数不同、内外部空间比较复杂、最有代表性的部分。主要包括以下内容。

(1) 表示墙柱及其定位轴线。

(2) 表示室内地面、地坑，各层楼面、顶棚、屋顶、门窗、楼梯、阳台、雨篷、墙裙、踢脚板、防潮层、室外地面、散水、排水沟及其剖切到的可见内容。

(3) 各层面完成面标高和竖向尺寸。

(4) 表示楼地面的构造做法，一般用引出线说明；或在剖面图上引出索引符号，另画详图加注说明。

(5) 表示需画详图之处的索引符号。

例如，某建筑的 1—1 剖面图，如图 2-9 所示。读图可知以下几点。

(1) 墙柱的定位轴线为Ⓐ、Ⓒ、Ⓓ。

（2）室内外地面高差为 150mm，一层室内地面标高为±0.000m，二层楼地面标高 3.600m，三层楼地面标高为 6.800m，屋顶檐口标高为 10.000m。

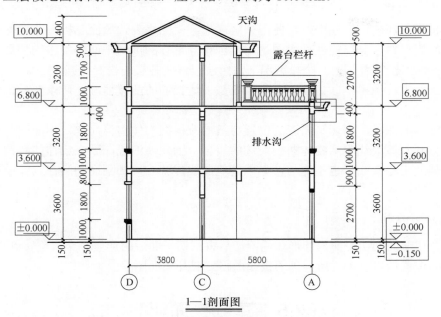

1—1剖面图

图 2-9　某建筑 1—1 剖面图

2.4.2 剖面图的类型

1. 全剖面图

假想用一个单一平面将形体全部剖开后所得到的投影图，称为全剖面图。它多用于在某个方向视图形状不对称或外形虽对称，但形状却较简单的物体。

2. 半剖面图

当形体左右对称或前后对称，而外形比较复杂时，常把投影图一半画成正投影图，另一半画成剖面图，这样组合的投影图叫作半剖面图。这样作图不但可以同时表达形体的外形和内部结构，并且可以节省投影图的数量。

3. 阶梯剖面图

当物体内部结构层次较多时，用一个剖切平面不能将物体内部结构全部表达出来，这时可以用几个相互平行的平面剖切物体，这几个相互平行的平面可以是一个剖切面转折成几个相互平行的平面，这样得到的剖面图称为阶梯剖面图。

4. 局部剖面图

在建筑工程和装饰工程中，常使用分层局部剖面图来表达屋面、楼面、地面、墙面等的构造和所用材料。分层局部剖面图是用几个相互平行的剖切平面分别将物体局部剖开，把几个局部剖面图重叠画在一个投影图上，用波浪线将各层的投影分开。

注意：在工程图样中，正面投影中主要是表达钢筋的配置情况，所以图中未画钢筋混凝土图例。

作局部剖面图时，剖切平面图的位置与范围应根据物体需要而定，剖面图与原投影图用波浪线分开，波浪线表示物体断裂痕迹的投影，因此波浪线应画在物体的实体部分。波浪线既不能超出轮廓线，也不能与图形中其他图线重合。局部剖面图画在物体的视图内，所以通常无须标注。

5. 展开剖面图

用两个相交的剖切平面剖切形体，剖切后将剖切平面后的形体绕交线旋转到与基本投影面平行的位置后再投影，所得到的投影图称为展开剖面图。

2.5 建筑详图

2.5.1 外墙详图

外墙详图主要包括外墙节点详图和外墙墙身详图两部分。

墙身大样图.mp4

1. 外墙节点详图的识图技巧

(1) 了解图名、比例。
(2) 了解墙体的厚度及其所属的定位轴线。
(3) 了解屋面、楼面、地面的构造层次和做法。
(4) 了解各部位的标高、高度方向的尺寸和墙身的细部尺寸。
(5) 了解各层梁(过梁或圈梁)、板、窗台的位置及其与墙身的关系。
(6) 了解檐口、墙身防水、防潮层处的构造做法。

2. 外墙墙身详图实例

某自建房外墙墙身详图如图 2-10 所示。

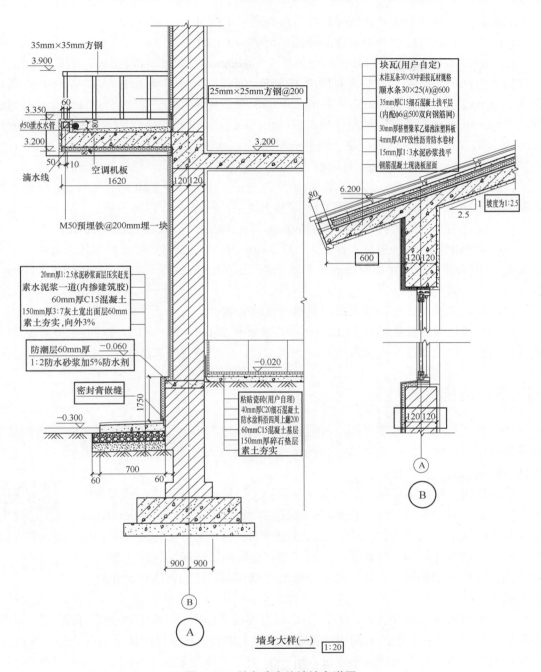

35mm×35mm方钢

3.900

25mm×25mm方钢@200

3.350
60

3.200

Φ50泄水水管

空调机板

1620

滴水线

50 10

M50预埋铁@200mm埋一块

块瓦(用户自定)
木桂瓦条30×30中距按瓦材规格
顺水条30×25(h)@600
35mm厚C15细石混凝土找平层
(内配φ6@500双向钢筋网)
30mm厚挤塑聚苯乙烯泡沫塑料板
4mm厚APP改性沥青防水卷材
15mm厚1:3水泥砂浆找平
钢筋混凝土现浇板屋面

6.200

80

坡度为1:2.5

600

120 120

20mm厚1:2.5水泥砂浆面层压实赶光
素水泥浆一道(内掺建筑胶)
60mm厚C15混凝土
150mm厚3:7灰土宽出面层60mm
素土夯实,向外3%

防潮层60mm厚   −0.060
1:2防水砂浆加5%防水剂

密封膏嵌缝

−0.300

700

60   60

1750

120 120

−0.020

粘贴瓷砖(用户自理)
40mm厚C20细石混凝土
防水涂料沿四周上翻200
60mmC15混凝土基层
150mm厚碎石垫层
素土夯实

900   900

Ⓐ

墙身大样(一)   1:20

120 120

Ⓐ

Ⓑ

图 2-10　某自建房外墙墙身详图

看完某自建房外墙墙身详图以后，可以得到以下信息。

(1) 该图为某自建房外墙墙身的详图，比例为 1：20。

(2) 檐口部分，从图中可知檐口外挑宽度为 600mm，屋顶铺设屋面瓦，坡度为 1：2.5，具体施工方法：①块瓦(用户自定)；②木挂瓦条 30mm×30mm 中距按瓦材规格；③顺水条规格为 30mm×25mm(h)@600mm；④35mm 厚 C15 细石混凝土找平层(内配 Φ6@500 双向钢筋网)；⑤30mm 厚挤塑聚苯乙烯泡沫塑料板；⑥4mm 厚 APP 改性沥青防水卷材；⑦15mm 厚 1：3 水泥砂浆找平；⑧钢筋混凝土现浇板屋面。

(3) 室外标高为-0.300m。外墙面最外层设置隔热层，此部分墙厚240mm。

(4) 一层楼面做法为：①粘贴瓷砖(用户自理)；②40mm 厚 C20 细石混凝土；③防水涂料沿四周上翻 200mm；④60mm 厚 C15 混凝土基层；⑤150mm 厚碎石垫层；⑥素土夯实。

(5) 墙身与基础连接处设有防潮层(60mm 厚 1：2 防水砂浆加 5%防水剂)。

(6) 从图中可知该楼房散水做法为：①20mm 厚 1：2.5 水泥砂浆面层压实赶光；②素水泥浆一道(内掺建筑胶)；③60mm 厚 C15 混凝土；④150mm 厚 3：7 灰土宽出面层 60mm；⑤素土夯实，向外 3%。

(7) 保温结构与散水连接处采用密封膏嵌缝处理。

(8) 空调机板的板底标高为 3.200m，并设置有 25mm×25mm 的方钢间隔 200mm 制作的栏杆围护。板上设置有直径为 50mm 的泄水管，供空调室外机排水用。

2.5.2 楼梯详图

楼梯详图的绘制是建筑详图绘制的重点。楼梯由楼梯段(包括踏步和斜梁)、平台和栏杆扶手等组成。楼梯详图主要表达楼梯的类型、结构形式、各部位的尺寸及装修尺寸，它是楼梯放样施工的主要依据。

楼梯详图一般包括平面图、剖面图及踏步、栏杆扶手详图等，通常都绘制在同一张图纸中单独出图。平面图和剖面图的比例要一致，以便对照阅读。踏步和栏杆扶手详图的比例应该大些，以便详细表达该部分的构造情况。楼梯详图包含建筑详图和结构详图，分别绘制在建筑施工图和结构施工图中。对一些比较简单的楼梯，可以考虑将楼梯的建筑详图和结构详图绘制在同一张图纸上。

扩展图片 3.
楼梯详图.docx

楼梯平面图和房屋平面图一样，要绘制出首层平面图、中间层平面图(标准层平面图)和顶层平面图。楼梯平面图的剖切位置在该层往上走的第一梯段的休息平台下的任意位置。各层被剖切的梯段按照制图标准要求，用一条 45°折断线表示，并用上、下行线表示楼梯的行走方向。

楼梯平面图要注明楼梯间的开间和进深尺寸、楼地面的标高、休息平台的标高和尺寸，以及各细部的详细尺寸，如图 2-11 和图 2-12 所示。通常将梯段长度和踏面数、踏面宽度尺寸合并写在一起。

读图 2-11 和图 2-12 可知以下信息。

(1) 9×260=2340，表示该梯段有 9 个踏面，踏面宽度为 260mm，梯段总长为 2340mm。

(2) 1170 表示梯板净宽为 1170mm。

(3) 60 表示缝宽为 60mm。

(4) 1340 表示楼层平台板净宽为 1340mm。

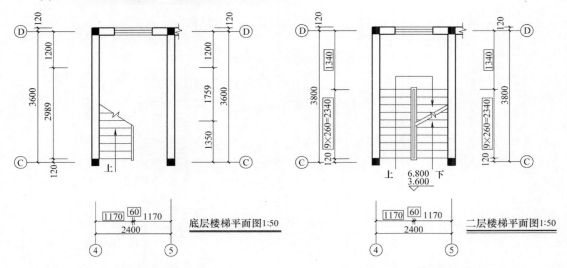

图 2-11　底层楼梯平面图　　　　图 2-12　二层楼梯平面图

楼梯剖面图是用假想的铅垂面将各层通过某一梯段和门窗洞切开向未被切到的梯段投影。剖面图能够完整、清晰地表达各梯段、平台、栏板的构造及相互间的空间关系。一般来说，楼梯间的屋面无特别之处，就无须绘制出来。在多层或高层房屋中，若中间各层楼梯的构造相同，则楼梯剖面图只需要绘制出首层、中间层和顶层剖面图，中间用 45°折断线分开。楼梯剖面图还应表达出房屋的层数、楼梯梯段数、踏面数及楼梯类型和结构形式。剖面图中应注明地面、平台面、楼面等的标高和梯段及栏板的高度尺寸。楼梯剖面图的图层设置与建筑剖面图的设置类似。但值得注意的是，当绘图比例不小于 1：50 时，规范规定要绘制出材料图例。楼梯剖面图中除了断面轮廓线用粗实线外，其余的图形绘制均用细实线，如图 2-13 所示。

从图 2-13 中可读出以下信息。

(1) TB1、TB2、TB3 表示踏步段、LTL 表示梯梁。

(2) 10×260=2600，表示该梯段有 10 个踏面，踏面宽度为 260mm，梯段总长为 2600mm。

(3) 1340 表示楼层平台板净宽为 1340mm。

(4) 11×172.7=1900，表示该梯段有 11 个踏面，踏面高度为 172.7mm，梯段总高为 1900mm。

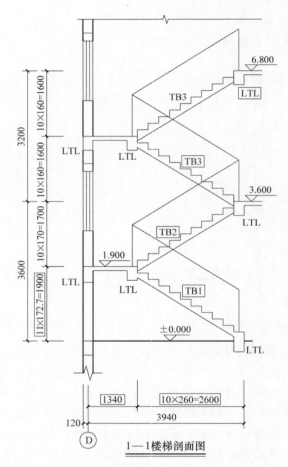

图 2-13 楼梯剖面图

楼梯踏步、栏杆与扶手详图如图 2-14 所示。读图 2-14 可知，栏杆上的 ⟨1⟩ 和 ⟨2⟩ 表示详图 1、2 在该图纸同一页上。立杆采用 Φ30 的无缝不锈钢管，栏杆高度为 900mm。

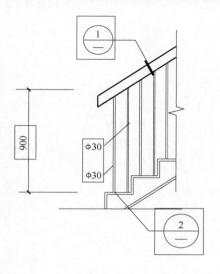

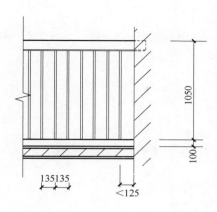

栏杆详图

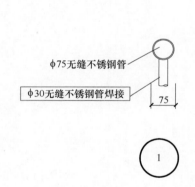

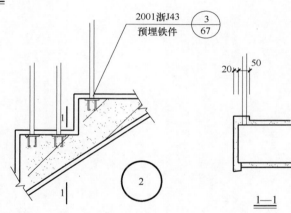

图 2-14 楼梯踏步、栏杆与扶手详图

第 3 章　结构施工图

3.1　结构施工图基础知识

3.1.1　结构施工图概述

建筑物的设计除要满足使用功能、美观、防火等要求外，还应按照建筑各方面的要求进行力学与结构计算，决定建筑承重构件(如基础、梁、板、柱等)的布置、形状、尺寸和详细设计的构造要求，并将其结果绘制成图样，用于指导施工，这样的图样称为结构施工图。

1. 结构施工图的内容

结构施工图的内容主要包括结构设计说明、结构布置平面图和构件详图三部分，现分述如下。

1)　结构设计说明

结构设计说明主要包括：工程概述，设计依据，设计荷载的取值，地基及基础说明，结构材料的类型、规格、强度等级，选用标准图集，构造要求及施工注意事项等。如果工程较小，结构不太复杂，可在基础平面图中加上结构设计说明，不再单独编写。

2)　结构布置平面图

结构布置平面图与建筑平面图相同，均属于全局性的图纸，是表示房屋中各承重构件总体平面布置的图样。通常包括以下几项。

(1)　基础平面图，工业建筑通常还有设备基础布置图。

(2)　楼层结构平面布置图，工业建筑还包括柱网、吊车梁、柱间支撑、连系梁布置等。

(3)　屋面结构平面图，包括屋面板、天沟板、屋架、天窗架及支撑布置等。

3)　构件详图

对结构布置图中表达不清楚的构件分别用详图表示。构件详图属于局部性的图纸，表示构件的形状、大小，所用材料的强度等级和制作安装等。其主要内容包括：基础详图，梁、板、柱等构件详图，楼梯结构详图以及其他构件详图等。

2. 结构施工图的作用

房屋的结构施工图是根据房屋建筑中的承重构件进行结构设计后画出的图样。结构设计时要根据建筑要求选择结构类型，并进行合理布置，再通过力学计算确定构件的断面形状、大小、材料及构造等。结构施工图必须与建筑施工图密切配合，这两个施工图之间不能有矛盾。

结构施工图与建筑施工图一样，是施工的依据，主要用于放线、挖基槽、支承模板、配钢筋、浇筑混凝土等施工过程，也是计算工程量、编制预算和施工进度计划的重要依据。

3. 结构施工图的比例

结构施工图的比例是根据图样的用途、被绘物体的复杂程度进行选取的，一般应选用表 3-1 中的常用比例，特殊情况下也可选用可用比例。

表 3-1 常用比例

图 名	常用比例	可用比例
结构平面图 基础平面图	1：50、1：100、1：150	1：60、1：200
圈梁平面图，总图中管沟、地下设施等	1：200、1：500	1：300
详图	1：10、1：20、1：50	1：5、1：30、1：25

4. 结构施工图的图示特点

(1) 图示方法。与建筑施工图相同，结构施工图也采用正投影法，并采用基本视图、剖视图和断面图等图示形式。在比例较小的结构布置图中，构件外形很难用实际投影表达时允许简化。

(2) 表达方式。房屋结构的形体庞大，形状和构造比较复杂，常采用从整体到局部、由小比例到大比例的方式表达。如先由小比例绘制构件平面布置图来表明房屋结构中各种承重构件的布置和定位，再用较大比例绘制结构详图表明各构件的形状、大小、材料及配筋情况。

(3) 尺寸标注。结构施工图中尺寸的标注与图样所表达的内容有关。如结构布置图中主要标注各构件定位轴线的尺寸，而结构详图则需详细标注构件的定型尺寸和细部构造尺寸。其中标高以米(m)为单位，其余尺寸以毫米(mm)为单位。

(4) 联系与统一。结构施工图与建筑施工图及结构施工图各图样之间都是相互联系的。因此，结构施工图中的轴线编号、尺寸必须与相应的建筑施工图对应统一，同时结构施工图之间的构件代号、轴线编号及定位尺寸也必须对应统一。

3.1.2 结构施工图首页

结构施工图主要用于表示房屋结构系统的结构类型、构件布置、构件种类和数量、构件的内部构造和外部形状、大小以及构件间的连接构造。结构设计说明一般作为单位工程结构施工图的首页，如图 3-1 所示。

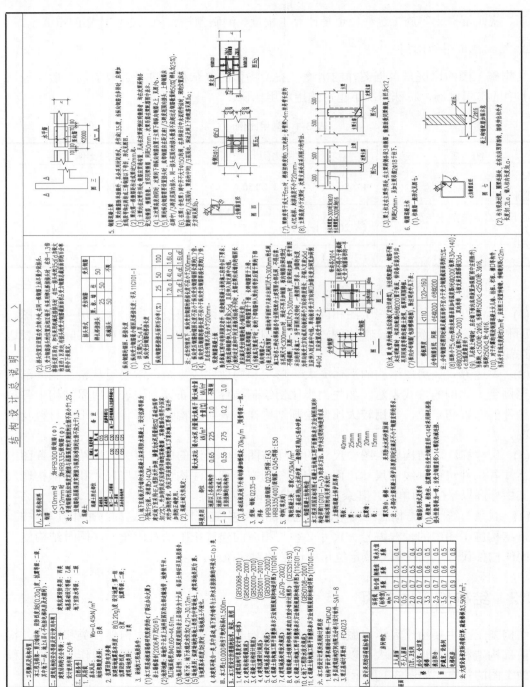

图 3-1　结构施工图首页示意图

（a）结构设计说明（一）

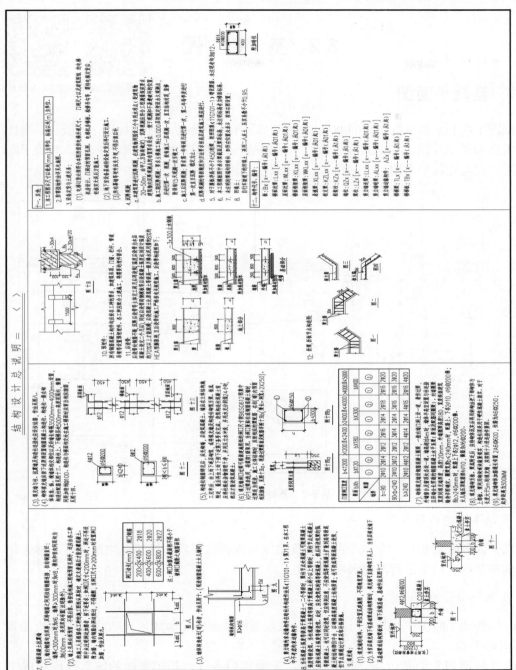

(b) 结构设计说明（二）

图 3-1　结构施工图首页示意图

3.2 基 础 图

基础平面图.mp4 音频 1:基础.mp3

3.2.1 基础平面图

基础图主要表示建筑物在±0.000 以下基础部分的平面布置和详图构造,一般包括基础平面布置图与基础详图。它们是施工放线、开挖基坑、砌筑或浇筑基础的依据。基础平面图的比例一般与建筑平面图的比例相同。基础示意图如图 3-2 所示。

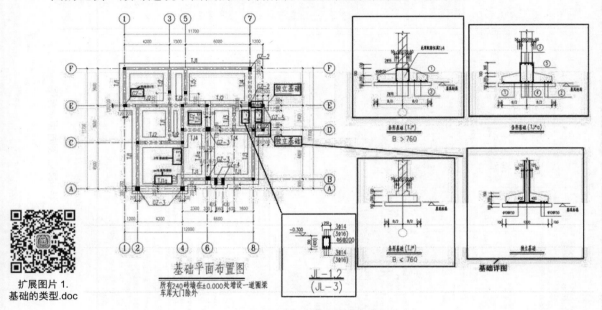

扩展图片 1.
基础的类型.doc

图 3-2 基础示意图

1. 基础平面图的形成

基础平面图是假想用一个水平面沿建筑物室内地面以下将整幢建筑物剖切后,移去建筑物上部和基坑回填土后所作的水平剖面图。

2. 基础平面图的表示方法

(1) 在基础平面图中,只画出基础墙、柱及基础底面的轮廓线,基础的细部轮廓(如大放脚)可省略不画。

(2) 凡被剖切到的基础墙、柱轮廓线,应画成粗实线,基础底面的轮廓线应画成中实线。

(3) 基础平面图中采用的比例及材料图例与建筑平面图相同。

(4) 基础平面图应注出与建筑平面图一致的定位轴线编号和轴线尺寸。

(5) 当基础墙上留有管洞时，应用虚线表示其位置，具体做法及尺寸另用详图表示。

3. 基础平面图的尺寸标注

(1) 基础平面图的尺寸分为内部尺寸和外部尺寸两部分；外部尺寸只标注定位轴线的间距和总尺寸；内部尺寸应标注各道墙的厚度、柱的断面尺寸和基础底面的宽度等。

(2) 平面图中的轴线编号、轴线尺寸均应与建筑平面图相吻合。

4. 基础平面图的内容

基础平面图主要表示基础墙、柱预留洞及构件布置等平面位置关系，主要包括以下内容。

(1) 图名和比例。基础平面图的比例应与建筑平面图相同,常用比例为 1∶100、1∶200。

(2) 基础平面图应标出与建筑平面图一致的定位轴线及其编号和轴线之间的尺寸。

(3) 基础的平面布置。基础平面图应反映基础墙、柱、基础底面的形状、大小及基础与轴线的尺寸关系。

5. 基础平面图的识读步骤

识读基础平面图时，要看基础平面图与建筑平面图的定位轴线是否一致，注意了解墙厚、基础宽、预留洞的位置及尺寸、剖面及剖面位置等。基础平面图识读一般按照以下步骤进行。

(1) 查看图名、比例。

(2) 阅读基础施工说明，明确基础的施工要求及用料。

(3) 校核定位轴线是否与建筑平面图一致。

(4) 明确基础平面图上各结构构件的种类、位置及代号。

(5) 查看剖切编号，明确基础的种类，各类基础的平面尺寸。

(6) 联合阅读设备施工图，明确设备管线穿越基础的准确位置，洞口形状、大小及洞口上方对过梁的要求。

6. 基础平面图的读图实例

(1) 剪力墙结构基础平面示意图识读。图 3-3 所示为剪力墙结构的筏板基础平面图(局部)。基础平面图中一般只需画出墙身线和基础底面线，其他细部(如大放脚等)均可省略不画。

基础平面图上应画出轴线并编号，标注轴线间尺寸和总长、总宽尺寸，它们必须与建筑平面图保持一致。基础底面的宽度尺寸可以在基础平面图上直接注出，也可以用代号标明，以便在相应的基础断面图(即基础详图)中查找各道不同的基础底面宽度尺寸。另外，筏板基础的厚度与钢筋布置情况也会在图中详细说明。比如：在图 3-3 中，未注明的筏板基础厚度为 400mm，筏板配筋为双层双向 ±14@180，图中所示钢筋均为附加钢筋。

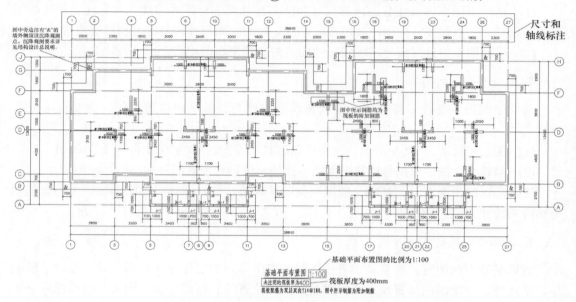

图 3-3　剪力墙结构的筏板基础平面示意图

(2) 剪力墙结构独立基础的平面布置图识读。剪力墙结构独立基础的平面布置图包括基础梁以及基础底面的轮廓形状、大小及其与定位轴线的关系，如 JL-1 的配筋等。下面以某学校独立基础平面布置图(部分)为例进行读图，如图 3-4 所示。

图 3-4 所示为剪力墙结构的独立基础图。读图分为两部分进行：第一部分是独立基础在平面布置图中的具体位置，如图 3-4(a)中独立基础为 4 个且尺寸一样，都是距离轴线左边 700mm，右边 1000mm，独立基础上边且有基础梁的布置；第二部分是图 3-4(b)中独立基础配筋为双层双向 ±10@150，异型柱的尺寸为 500mm，且图中有剖切符号 A—A。

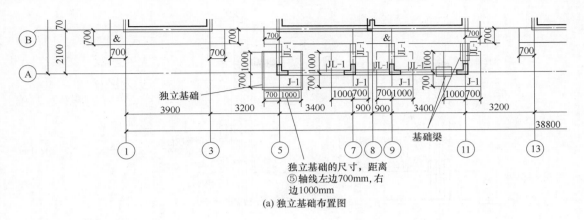

(a) 独立基础布置图

独立基础的尺寸，距离
⑤轴线左边700mm，右
边1000mm

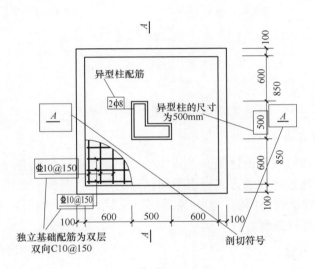

J—1

(b) 独立基础平法施工图

图 3-4　某学校独立基础平面布置图(部分)

3.2.2 基础详图

1. 基础详图的形成

基础详图是用较大的比例详细地表示基础的类型、尺寸、做法和材料。通常用垂直剖面图表示。如图 3-5 所示，其主要作用就是将基础平面图中的细部构造按正投影原理将其尺寸、材料、做法更清晰、更准确地表达出来。

音频 2：基础详
图.mp3

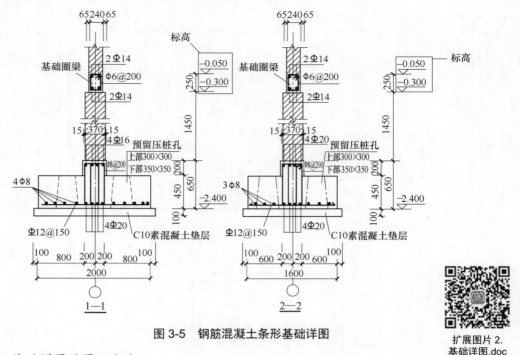

图 3-5　钢筋混凝土条形基础详图

2. 基础详图的图示方法

构造不同的基础应该分别画出详图。当基础构造相同，而仅仅部分尺寸不同时，可用一个详图表示，但需要通过列表的方式标出不同部分的尺寸。基础断面图的轮廓线一般用粗实线画出，断面内应绘制材料图例，但如果是钢筋混凝土基础，则只画出钢筋布置情况，不必画出钢筋混凝土的材料图例。

3. 基础详图的图示内容

(1) 图名为剖断编号或基础代号及其编号，采用的比例较大。

(2) 定位轴线及其编号与基础平面图一致。

(3) 基础断面的形状、尺寸、材料以及配筋情况。

(4) 室内外地面标高及基础底面的标高。

(5) 基础墙的厚度、防潮层的位置及做法。

(6) 基础梁或圈梁的尺寸及配筋。

(7) 垫层的尺寸及做法。

(8) 施工说明等。

不同的基础类型，详图表达的内容不尽相同，可能是以上的部分内容。

4. 基础详图的识读步骤

(1) 查看图名与比例，与基础平面图相对照，了解其在建筑中的位置情况。
(2) 明确基础的形状、大小与材料。
(3) 明确基础各部位标高。
(4) 明确基础配筋情况。
(5) 明确垫层厚度与材料。
(6) 明确基础梁或圈梁的尺寸及配筋情况。

5. 基础详图实例

图 3-6 所示为承重墙下的条形基础(包括地圈梁和基础梁)详图。

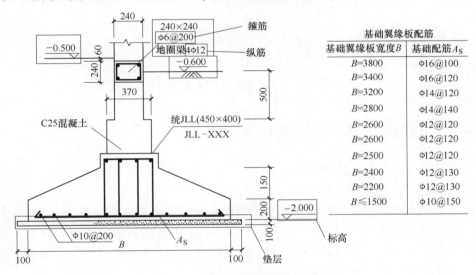

基础翼缘板配筋	
基础翼缘板宽度 B	基础配筋 A_S
$B=3800$	$\phi16@100$
$B=3400$	$\phi16@120$
$B=3200$	$\phi14@120$
$B=2800$	$\phi14@140$
$B=2600$	$\phi12@120$
$B=2600$	$\phi12@120$
$B=2500$	$\phi12@120$
$B=2400$	$\phi12@130$
$B=2200$	$\phi12@130$
$B\leqslant1500$	$\phi10@150$

图 3-6　承重墙下的条形基础详图

该实例中条形基础在标高为-0.600m 处沿外墙的基础墙上设置连通的钢筋混凝土梁，称为地圈梁。由于地圈梁具有防潮作用，故又称其为防潮层。其断面尺寸与基础墙和墙体尺寸有关，地圈梁钢筋配置如图 3-6 所示。

该结构基础材料混凝土强度等级为 C25，所有基础梁、底板均设置 100mm 厚 C10 混凝土垫层，每边放宽 100mm，在标高-0.560m 处沿 240mm 墙设置断面尺寸为 240mm×240mm 的地圈梁，其纵向钢筋为 4φ12，箍筋为 φ6@200。

由于该条形基础对于各条轴线的条形基础断面形状和配筋形式是类似的，所以只需画出一个通用的断面图，再附上基础底板(称翼缘板)配筋表，列出基础翼缘板宽度 B 和基础筋 A_S，就可以将各部分条形基础的形状、大小、构造和配筋表达清楚。

　　基础详图中的基础梁另画配筋图，并附有基础梁配筋表，分别列出不同编号基础梁的断面尺寸($b×h$)和下部筋、上部筋、箍筋的配置，如图3-7所示。

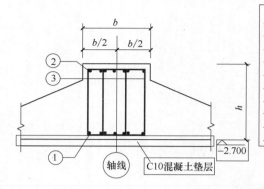

基础梁配筋				
断面尺寸$b×h$	下部筋①	上部筋②	箍筋③	备注
550×700	8Φ25	8Φ25	4Φ10@150	悬挑部分4Φ10@100
450×500	6Φ25	6Φ25	4Φ8@150	悬挑部分4Φ8@100
450×600	7Φ25	7Φ25	4Φ8@150	悬挑部分4Φ10@100
550×650	6Φ25	6Φ25	4Φ10@150	
450×700	8Φ25	8Φ25	4Φ10@100	
500×700	7Φ25	7Φ25	4Φ8@150	悬挑部分 4Φ8@100
450×400	4Φ20	4Φ20	4Φ8@150	
400×400	4Φ16	4Φ16	4Φ8@100	

图3-7　基础梁配筋详图

3.3　混凝土结构图

3.3.1　钢筋混凝土构件详图内容

(1) 构件名称或代号、比例。

(2) 构件的定位轴线及其编号。

(3) 构件的形状、尺寸和预埋件代号及布置。

(4) 构件内部钢筋的布置。

(5) 构件的外形尺寸、钢筋规格、构造尺寸以及构件底面标高。

(6) 施工说明。

扩展资源 1.钢筋混凝土构件详图种类及表示方法.doc

1. 钢筋的分类和作用

　　钢筋在混凝土构件中的作用除了增强受拉区的抗拉强度外，有时还起着其他的作用。所以，常把构件中不同位置的钢筋分为以下几种。

(1) 受力筋。构件中根据计算确定的主要钢筋。在受拉区的钢筋为受拉筋，在受压区的钢筋为受压筋。

(2) 箍筋。梁和柱中承受剪力或扭力作用的钢筋，并对纵向钢筋起定位的作用，使钢筋形成钢筋骨架。

(3) 架立筋。在梁内与受力筋、箍筋构成骨架的钢筋。

(4) 分布筋。在板内与受力筋组成骨架的钢筋。

（5）构造筋。构造筋包括架立筋、分布筋及由于构造需要的各种附加钢筋的总称。

构件中钢筋的名称如图 3-8 所示。

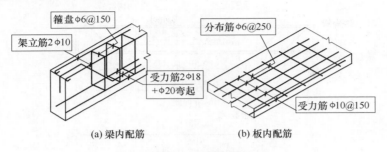

（a）梁内配筋　　　　（b）板内配筋

图 3-8　构件中钢筋的名称

2. 钢筋编号

为了区分钢筋的型号、形状、大小，应将钢筋予以编号。编号次序可按钢筋的直径大小和钢筋的主次来编写。

编号方法是在相应的钢筋投影上用引出线（细实线）引出，在引出线水平段端部用细实线画出直径为 6～8mm 的圆圈，将钢筋编号填写在其中。也可以在编号前加注符号 N 来表示，如图 3-9(a)所示。在引出线水平段上方，按顺序写出钢筋数量、钢筋代号和直径大小，如果是箍筋，还应注明其间距。

对于排列过密的钢筋，可采用列表法，如图 3-9(b)所示。

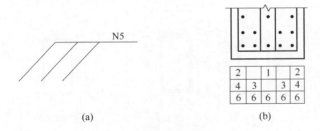

(a)　　　　　　　　　　　(b)

图 3-9　钢筋编号

3. 钢筋布置图的尺寸注法

钢筋布置图的尺寸注法如图 3-10 所示。

（1）结构外形的尺寸注法和一般结构物一样。

（2）钢筋的尺寸注法包括以下两种。

①　钢筋的大小和成型尺寸。在钢筋详图上必须注出钢筋的直径、根数和长度。对于弯起的钢筋，应逐段注出钢筋的长度，尺寸数字直接写在各段旁边，不画尺寸线和尺寸界

线。在立面图和断面图上除注编号外，还需注出钢筋的直径和数量。

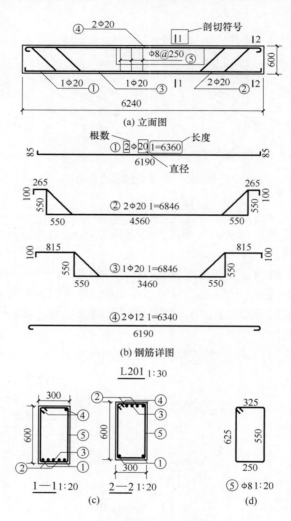

图 3-10　钢筋混凝土构件详图

②　钢筋的定位尺寸。钢筋的定位尺寸，一般注在该钢筋的横断面图中，尺寸界线通过钢筋断面中心。若钢筋的位置安排符合规范中保护层厚度及两根钢筋间最小距离的规定，可以不标注钢筋的定位尺寸。对于按一定规律排列的钢筋，其定位尺寸常用注解形式写在编号引出线上，如图 3-10(a)立面图中所示的⑤号箍筋，注为 Φ8@250。

3.3.2 钢筋混凝土框架柱平面整体表示

柱平面整体表示采用列表注写方式或截面注写方式表达。

1. 列表注写方式

列表注写方式是在柱平面布置图上分别在同一编号的柱中选择一个(有时需要选择几个)截面标注几何参数代号,在柱表中注写柱编号、柱段起止标高、几何尺寸(含柱截面对轴线的偏心情况)与配筋的具体数值,并配以各种柱截面形状及其箍筋类型图的方式来表达柱平法施工图,如图3-11、图3-12和表3-2、表3-3所示。

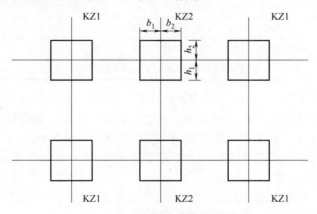

图 3-11　框架柱截面示意图

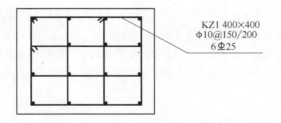

图 3-12　框架柱箍筋示意图

表 3-2　框架柱标高表

层　号	顶标高/m	层高/m
基础	−4.250	基础厚 0.5
1	−0.050	4.200

续表

层　号	顶标高/m	层高/m
2	3.550	3.600
3	6.850	3.300
4	9.850	3.000

表 3-3　柱纵筋、箍筋标注识图

柱号	标高/m	$b×h$	b_1	b_2	h_1	h_2	全部纵筋	角筋	b 边一侧中部筋	h 边一侧中部筋	箍　筋
KZ1	−0.050～3.550	400×400	200	200	200	200		4Φ20	2Φ20	2Φ20	Φ8@150/200
	3.550～9.850	300×300	150	150	150	150		4Φ20	2Φ20	2Φ20	Φ8@150/200
KZ2	−0.050～3.550	400×400	200	200	200	200	6Φ18				Φ8@200
	3.550～9.850	300×300	150	150	150	150	6Φ18				Φ8@200

(1) 注写框架柱编号。用 KZ×× 表示。在图 3-11 中"KZ1"表示框架柱 1。

(2) 注写各段柱的起止标高。在表 3-2 中"−4.250"表示基础顶面的标高。

(3) 注写截面尺寸。对于矩形截面尺寸用 $b×h$ 表示，$b=b_1+b_2$，$h=h_1+h_2$，其中 b_1、b_2 和 h_1、h_2 是与轴线有关系的几何参数代号。在表 3-3 中"400×400"表示框架柱 KZ1 的截面宽度为 400mm，截面高度为 400mm。

(4) 注写纵筋。当框架柱纵筋的各边根数与直径都相等时，将纵筋注写在"全部纵筋"一栏，当不同时应分别注写，见表 3-3 中纵筋的表示。

(5) 注写箍筋。包括钢筋级别、直径与间距。当为抗震设计时，用"/"将柱端箍筋加密区间距与柱身非加密区的箍筋间距分隔。当箍筋沿柱全高间距都相同时，不用"/"将其分隔。在表 3-3 中，框架柱 KZ1 箍筋"Φ8@150/200"表示箍筋为 HPB300 级箍筋，直径为 8mm，加密区间距为 150mm，非加密区间距为 200mm。框架柱 KZ2 箍筋"Φ8@200"表示沿柱全高范围内箍筋均为 HPB300 级钢筋，直径为 $\phi8$，间距为 200mm。

2. 框架柱截面注写

截面注写与柱列表注写的区别在于截面注写不再单独画出箍筋类型图及柱列表。直接在柱平面图上进行截面注写。就是将表 3-3 放在表 3-2 中的相应位置直接注写。当柱编号相同时，只注写一个，其余的只写编号即可。

3.3.3 ▍钢筋混凝土框架梁平面整体表示

梁的配筋图画法采用平面注写方式或截面注写方式表达，但是梁的平面整体表示采用集中标注和原位标注两种方式表达。

扩展资源 2.平面注
写方式.doc

1. 集中标注

(1) 集中标注的位置：集中标注可从梁的任意一跨引出。

(2) 集中标注的内容如下。

① 4 项必注值包括梁编号、梁截面尺寸、梁箍筋、梁上部贯通筋或架立筋；2 项选注值包括梁侧面纵向构造钢筋或受扭钢筋、梁顶面标高高差，如图 3-13 所示。

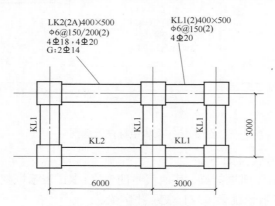

图 3-13　梁集中标注

② 标注形式：梁代号(跨数，有无悬挑)梁宽×梁高；箍筋的肢数、上部贯通筋、下部贯通筋、腰筋；梁顶标高(无标注时同板顶标高)，如图 3-14 所示。

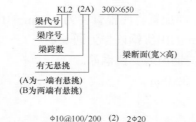

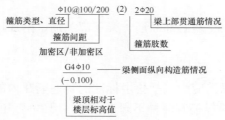

图 3-14　梁集中标注形式

(3) 梁的集中标注示例：梁的集中标注示例如图 3-15 所示。

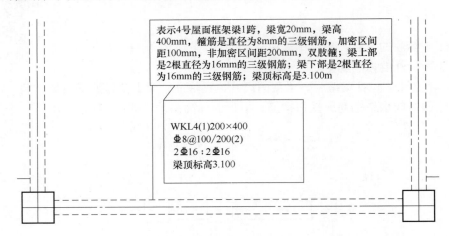

表示4号屋面框架梁1跨，梁宽20mm，梁高400mm，箍筋是直径为8mm的三级钢筋，加密区间距100mm，非加密区间距200mm，双肢箍；梁上部是2根直径为16mm的三级钢筋；梁下部是2根直径为16mm的三级钢筋；梁顶标高是3.100m

WKL4(1)200×400
Φ8@100/200(2)
2Φ16：2Φ16
梁顶标高3.100

图 3-15　梁集中标注示意图

(4) 集中标注的符号含义如下。

① 图中 WKL 表示屋面框架梁。其他代号的含义：KL 表示框架梁；KZL 表示框支梁；L 表示非框架梁；XL 表示悬挑梁；JZL 表示井字梁。

② 图中 200×400 表示：梁宽为 200mm，梁高为 400mm；(1)表示 1 跨，括号中可能出现的字母表示的是：A 为一端有悬挑；B 为两端有悬挑。

③ 图中 Φ8@100/200(2)表示直径为 8mm 的Ⅲ级钢筋，加密区间距 100mm；非加密区间距 200mm，均为双肢箍。

④ 图中 2Φ16 表示梁的上部配置有两根直径为 16mm 的Ⅲ级钢筋作为通长筋，梁的下部同样配置有两根直径为 16mm 的Ⅲ级钢筋作为通长筋。

⑤ 图中该梁没有配置构造钢筋或受扭钢筋。

⑥ 3.100 表示梁顶标高为 3.100m。

2. 原位标注

原位标注的内容包括梁支座上部纵筋、梁下部纵筋、附加箍筋或吊筋等。梁原位标注如图 3-16 所示。

1) 梁支座上部纵筋

原位标注的支座上部纵筋应为包括集中标注的贯通筋在内的所有钢筋。多于一排时，用"/"自上而下分开；同排纵筋有两种不同直径时，用"+"相连，且角部纵筋写在前面。例如，6Φ25 4/2 表示支座上部纵筋共两排，上排 4Φ25，下排 2Φ25。2Φ25+2Φ22 表示支座上部纵筋共 4 根一排放置，其中角部 2Φ25、中间 2Φ22，(2)表示两肢箍，当梁中间支座两边的上部纵筋相同时，仅在支座的一边标注配筋值；否则，须在两边分别标注。

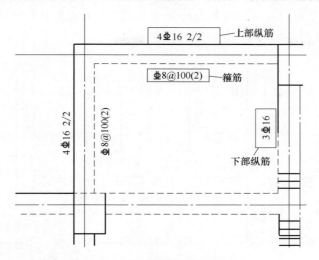

图 3-16　梁原位标注示意图

2）　梁下部钢筋

梁下部钢筋与上部纵筋标注类似，多于一排时，用"/"自上而下分开。同排纵筋有两种不同直径时，用"+"相连，且角部纵筋写在前面。例如，6φ25 2/4 表示下部纵筋共两排，上排 2φ25，下排 4φ25。

3）　附加箍筋或吊筋

附加箍筋或吊筋直接画在平面图中的主梁上，用线引注总配筋值，附加箍筋的肢数注在括号内。当多数附加箍筋或吊筋相同时，可在图中统一说明，少数与统一说明不一致者，再原位引注。

当在梁上集中标注的内容(某一项或某几项)不适用于某跨或某悬挑段时，则将其不同数值原位标注在该跨或该悬挑段上。

3.3.4 ▍钢筋混凝土板平面整体表示

1. 钢筋混凝土板表示方法

钢筋混凝土板有预制的和现浇的。预制钢筋混凝土板如果是采用标准图集中的构件，一般不画构件详图，施工时根据标注的型号和标准图集查阅板的尺寸、配筋情况等。如果不是采用标准图集中的构件，则应另绘出构件详图。现浇钢筋混凝土板的配筋图通常通过平面图的形式表达。板平面注写表示方法主要有板集中标注和板支座原位标注。

　　板集中标注的内容为板编号、板厚、上部通长纵筋、下部纵筋以及当板面标高不同时的标高高差。板支座原位标注的内容为板支座上部非贯通纵筋和悬挑板上部受力钢筋。板部分配筋图如图 3-17 所示。

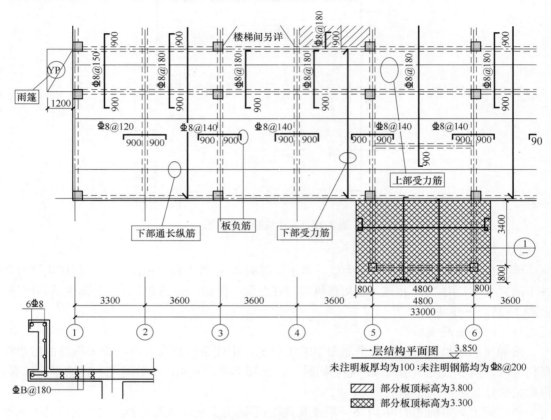

图 3-17　板部分配筋图

2. 钢筋混凝土板实例

　　在如图 3-18 所示的二楼结构布置图中，在⑤～⑥和⑧～⑥轴线之间的楼板是钢筋混凝土现浇板，图 3-19 所示即是该板的配筋图，为说明方便，将图中的三块板分别标记成甲板、乙板和丙板。

　　钢筋混凝土现浇板可以分为单向板和双向板。如果主梁、次梁、墙或者其他的梁底支承结构将现浇板分成矩形的梁格，当梁格的长边和短边之比大于 2 时，称为单向板，当长短边比不大于 2 时，称为双向板。

　　按照钢筋混凝土现浇板的受力特点，板的配筋布置在板底和板顶。通常板底的钢筋是通长且沿着板宽和板长方向双向布置的。如果是单向板,荷载将沿板短边方向传递到支承上,因而沿板短边方向配受力筋,沿板长边方向按构造要求配分布筋。板底受力筋在下,与板底面的距离为保护层厚度,分布筋紧挨其上,两者绑扎成共同受力的钢筋网。如果是双向板,荷载将沿板两个边的方向传递到支承上,因而需要沿两个方向配置受力筋,形成板底的钢筋网。板顶的受力钢筋(又称为支座钢筋、负筋)布置在支座上,或其他板顶可能会受拉的部位。板顶钢筋按照板的形式(指单、双向板)、尺寸和构造,按设计规范伸出支座一定的距离,该段距离需在图中注明。同时,在板顶受力钢筋布置的范围内,在与其垂直的方向上布置分布筋,该分布筋紧贴支座钢筋,布置在支座钢筋下部,绑扎在一起,形成板顶的钢筋网,板顶受力钢筋的顶面与板顶相距一个保护层厚度的距离。

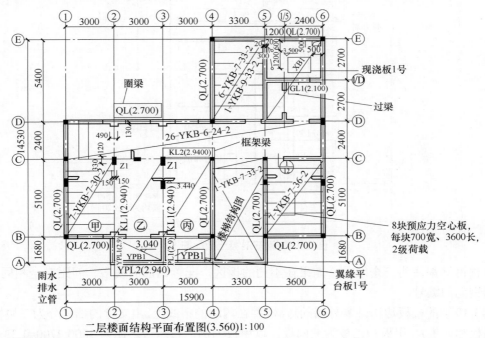

二层楼面结构平面布置图(3.560)1:100

设计说明:
(1)现浇板厚度为120mm。
(2)雨篷板厚度均为100mm,板底标高为3.200。
(3)QL为240×240,配4φ12和箍筋φ8@200。
(4)如果梁两端直接放在墙上,则在梁下加梁垫,梁垫宽等于墙厚高度为240,两端伸出梁外表面各240mm、厚240mm。
(5)框架梁和圈梁、构造柱相交时,要拉接在一起。

图 3-18 二层楼面结构平面布置图

其次,因为板中的钢筋通常是Ⅱ级钢筋,因此都需要做弯钩。板底的钢筋弯钩为半圆弯钩,弯钩向上。板顶钢筋的弯钩为直弯钩,弯钩向下,弯钩长度为板厚扣除保护层厚度(两个保护层厚度),该长度保证了板顶的钢筋网能立在板的顶层上。

图 3-19 中的板支撑在下部的砖墙上，从图中可以看出砖墙(梁、柱)的布置平面以及板中钢筋的配置，包括板顶、板底两个方向钢筋的编号、规格、直径、间距和弯钩形状以及板顶的结构标高等。板中每种规格的钢筋只画出了一根，按其立面形状画在相应的安放位置上。

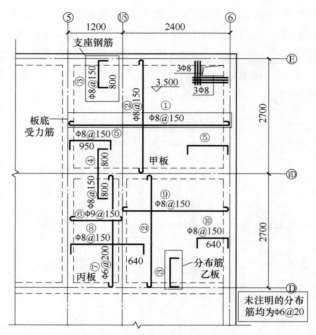

图 3-19 钢筋混凝土板配筋图

每种钢筋都注明一个编号，如果在不同的板区，配置钢筋的规格、间距完全相同，可只注明钢筋的编号。

图 3-19 中的楼板边缘贴紧外墙的边缘，并在内墙的中线上，由支撑的墙体分为三块板(甲板、乙板和丙板)。甲板和乙板为双向板，以甲板为例，长短边之比为 3600/2700=1.33＜2。双向板荷载沿水平和竖向方向传递到墙上，板底配置直径为 8mm 的 II 级钢筋，在两个方向上的间距分别为 150mm(φ8@150) 和 120mm(φ8@120)。φ8@120 在 φ8@150 的下边，两者绑扎在一起，形成板底的钢筋网，不再配置分布筋。在板顶，板四边的支座处，配置支座钢筋，支座钢筋做直弯钩，即③～⑤号钢筋，钢筋下部的数字表明钢筋伸出支座的长度，不包括弯钩部分。在③～⑤号钢筋布置的范围内，与其垂直的方向上应布置分布筋，且支座的分布筋一般不画出，但必须在说明中注明。由设计说明可知，未画出的分布筋均为 φ6@200。

在甲板的右上角有一个洞口，设置了洞口加强钢筋，两个方向分别是 3Φ8，洞口加强钢筋需放在板底，且在板底受力筋①、②钢筋的上部。

丙板的长短边之比为 2700/1200=2.25＞2，为单向板。单向板荷载沿短边方向传递到支座，因此沿短边方向在板底配置受力筋 Φ8@150，与其垂直的方向上配置分布筋 Φ6@200。四轴线上(沿板长边方向)的支座钢筋为 Φ8@150，和甲板上的支座钢筋合二为一，在丙板上伸出支座 800mm。而短边方向的支座钢筋则因该板跨较小，因此将两个支座钢筋拉通，同时伸进乙板 640mm，作为乙板在四轴线处的支座钢筋。

3.3.5　剪力墙平法施工图

剪力墙根据配筋形式可将其看成由剪力墙柱(简称墙柱)、剪力墙身(简称墙身)和剪力墙梁(简称墙梁)三类构件组成。剪力墙平法施工图，是在剪力墙平面布置图上采用截面注写方式或列表方式来表达剪力墙柱、剪力墙身以及剪力墙梁的标高、偏心、断面尺寸和配筋情况。

1. 剪力墙平法施工图的内容

剪力墙平法施工图的主要内容包括以下几项。
(1) 图名和比例。
(2) 定位轴线及其编号、间距和尺寸。
(3) 剪力墙柱、剪力墙身、剪力墙梁的编号、平面布置。
(4) 每种编号剪力墙柱、剪力墙身、剪力墙梁的标高、断面尺寸、钢筋配置情况。
(5) 必要的设计说明和详图。

2. 剪力墙平法施工图的表示方法

注写每种墙柱、墙身、墙梁的标高、断面尺寸、配筋有两种方式，即截面注写方式和列表注写方式。无论哪种绘图方式，均需要对剪力墙构件按其类型进行编号，编号由其类型代号和序号组成，其编号的含义见表 3-4 和表 3-5。

表 3-4　剪力墙柱编号

墙柱类型	代　号	序　号
约束边缘暗柱	YAZ	××
约束边缘端柱	YDZ	××
约束边缘翼墙(柱)	YYZ	××
约束边缘转角墙(柱)	YJZ	××

续表

墙柱类型	代号	序号
构造边缘端柱	GDZ	××
构造边缘暗柱	GAZ	××
构造边缘翼墙(柱)	GYZ	××
构造边缘转角墙(柱)	GJZ	××
非边缘暗柱	AZ	××
扶壁柱	FBZ	××

表3-5 剪力墙梁编号

墙梁类型	代号	序号
连梁 (无交叉暗撑及无交叉钢筋)	LL	××
连梁(有交叉暗撑)	LL(JC)	××
连梁(有交叉钢筋)	LL(JG)	××
暗梁	AL	××
边框梁	BKL	××

例如，YAZ-10 表示第 10 种约束边缘暗柱，而 AZ-01 表示第 1 种非边缘暗柱；LL-10 表示第 10 种普通连梁，而 LL(JG)-10 表示第 10 种有交叉钢筋的连梁。

1) 截面注写方式

截面注写方式是在分标准层绘制的剪力墙平面布置图上，以直接在墙柱、墙身、墙梁上注写截面尺寸和配筋具体数值的方式，来表达剪力墙平法施工图。在剪力墙平面布置图上，在相同编号的墙柱、墙身、墙梁中选择一根墙柱、一道墙身、一个墙梁，以适当的比例原位将其放大进行注写，如图 3-20 所示。

剪力墙柱注写的内容有绘制截面配筋图、标注截面尺寸、全部纵向钢筋和箍筋的具体数值。

剪力墙身注写的内容有依次引注墙身编号(应包括注写在括号内墙身所配置的水平分布钢筋和竖向分布钢筋的排数)、墙厚尺寸、水平分布筋、竖向分布钢筋和拉筋的具体数值。

剪力墙梁注写的内容有以下几项。

① 墙梁编号。

② 墙梁顶面标高高差，系指墙梁所在结构层楼面标高的高差值，高于者为正值，低于者为负值，当无高差时不注。

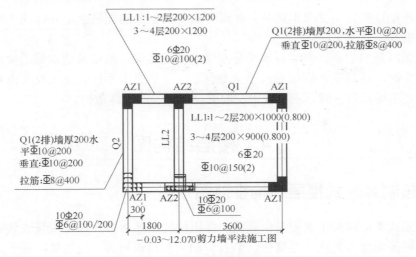

图 3-20　剪力墙截面注写

③　墙梁断面尺寸 $b×h$、上部纵筋、下部纵筋和箍筋的具体数值。当连梁设有斜向交叉暗撑时，要以"JC"打头附加注写一根暗撑的全部钢筋，并标注"×2"表示有两根暗撑相互交叉，以及箍筋的具体数值；当连梁设有斜向交叉钢筋时，还要以"JG"打头附加注写一道斜向钢筋的配筋值，并标注"×2"表示有两根斜向钢筋相互交叉。

2)　列表注写方式

列表注写方式是在剪力墙平面布置图上，通过列剪力墙柱表、剪力墙身表和剪力墙梁表来注写每种编号剪力墙柱、剪力墙身、剪力墙梁的标高、断面尺寸与配筋具体数值。

扩展图片 3.剪力墙柱表、剪力墙身表和剪力墙梁表.doc

剪力墙柱表中注写的内容有注写编号、加注几何尺寸(几何尺寸按标准构造详图取值时可不注写)、绘制断面配筋图并注明墙柱的起止标高、全部纵筋和箍筋的具体数值。

剪力墙身表中注写的内容有注写墙身编号、墙身起止标高、水平分布筋、竖向分布筋和拉筋的具体数值。

剪力墙梁表中注写的内容有以下几项。

①　墙梁编号、墙梁所在楼层号。

②　墙梁顶面标高高差，系指墙梁所在结构层楼面标高的高差值，高于者为正值，低于者为负值，当无高差时不注写。

③　墙梁截面尺寸 $b×h$，上部纵筋、下部纵筋和箍筋的具体数值。

④　当连梁设有斜向交叉暗撑时，注写一根暗撑的全部纵筋，并标注"×2"，表明有两根暗撑相互交叉以及箍筋的具体数值

⑤ 当连梁设有斜向交叉钢筋时，注写一道斜向钢筋的配筋值，并标注"×2"，表明有两道斜向钢筋相互交叉。

墙梁侧面纵筋的配置，当墙身水平分布钢筋满足连梁、暗梁及边框梁的梁侧面纵向构造钢筋的要求时，该筋配置同墙身水平分布钢筋，在梁表中不注，施工按标准构造详图的要求进行；当不满足要求时，应在表中注明梁侧面纵筋的具体数值。

3.4　楼层结构图

3.4.1 预制装配式楼层结构平面图

预制装配式楼层结构平面图是由预制构件组成的，然后再在施工现场安装就位，组成楼盖。这种楼盖的优点是施工速度快、节省劳动力和建筑材料、造价低、便于工业化生产和机械化施工。缺点是整体性不如现浇楼盖好。这种施工图主要表示支承楼盖的梁、板、柱等的结构构件的位置、数量和连接方法，标注时直接标注在结构平面图中。预制装配式楼层结构平面图如图 3-21 所示。

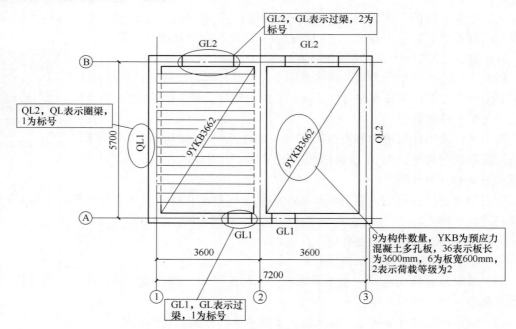

图 3-21　预制装配式楼层结构平面图

(1) 图名、比例。结构平面图的比例要与建筑平面图的比例保持一致。

(2) 轴线。结构平面图的轴线布置要与建筑平面图的轴线位置一致，并标注出与建筑平面图一致的轴线编号和轴线间的尺寸、总尺寸，便于确定梁、板、柱等构件的安装位置。

(3) 墙、柱。楼层结构平面图是用正投影的方法得到的，因为楼板压着墙，所以墙应画成虚线。

(4) 梁。在结构平面图中，梁是用粗单点长画线表示或粗虚线表示，并标上梁的代号与编号。

(5) 预制楼板。预制楼板主要有平板、槽形板和空心板 3 种。对于预制楼板，用粗实线表示楼层平面轮廓，用细实线表示预制板的铺设。在每个开间，按照实际投影分别画出楼板，并注写数量及型号。或者画对角线并沿着对角线方向注明预制板数量及型号。对于预制板铺设方式相同的单元，用相同的编号表示，不用一一画出每个单元楼板的布置。预制楼板多采用标准图集，因此在楼层结构平面图中标明了楼板的数量、代号、跨度、宽度和荷载等级。

(6) 过梁。在门窗洞口上为了支撑洞口的重量，并把它传给两旁的墙体，在洞口上沿墙设一道梁，这道梁就叫做过梁。在结构施工图中过梁用粗实线表示，过梁的代号为 GL。

(7) 圈梁。为了增加建筑物的整体稳定性，提高建筑物的抗风、抗震和抵抗温度变化的能力，防止地基不均匀沉降对建筑物的不利影响，常在基础顶面、门窗洞口顶部、楼板和檐口等部位的墙内设置连续而封闭的水平梁，这种梁称为圈梁。设在基础顶面的圈梁称为基础圈梁，设在门窗洞口顶部的圈梁常代替过梁。圈梁的代号为 QL。

下面先介绍关于现浇梁、圈梁、构造柱和预制板的一般知识。

1. 现浇梁

图 3-22 中梁的表示方法是传统表达方法，图纸比较直观，但是要表达所有内容图纸量较大。现在常采用的平法标注，后续会详细讲述。作为教材本书把两种标注图纸的方法都进行了介绍，传统表达方法方便理解，然后再升级理解平法标注会容易些。

图 3-22 是现浇梁的结构详图。从该图可知，该梁跨度为 4500mm，支撑在轴线号为 B、C 的承重墙体上，由于该梁的两端在轴线外尚各有 120mm 的长度，故该梁的全长实为 4740mm。又从该梁的断面图可知，该梁为 240mm×400mm 的矩形梁，在梁的底部总共配置了 3 条受力筋(见 1—1 断面图)，但在 2—2 断面图中，中间的②号筋却到了梁的顶部，于是结合立面图及钢筋详图可得出以下结论。

(1) ①号筋为两条Ⅱ级位于底部的直径为 20mm、两端带有弯钩的带肋直钢筋。

(2) ②号筋位于两条①号筋的中间，也是Ⅱ级直径为 20mm 的带肋钢筋，但此钢筋为 45°弯起筋。弯起后在离内墙面 60mm 处又折平伸入墙体。而后再在离外墙面一个保护层厚度(一般为 25mm)处折向梁的底部。

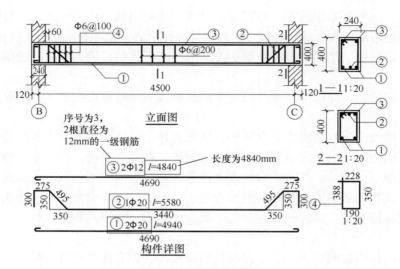

图 3-22 现浇梁的结构详图

(3) 在梁的顶部配置有两条Ⅱ级直径为 12mm 的架立筋。它们与受力筋一起，两端用每隔 100mm 加密、中部用每隔 200mm 配置一条Ⅰ级直径为 6mm 的箍筋捆绑成钢筋骨架。这两条架立筋也都是带肋的直钢筋；箍筋则为光圆钢筋。

在该图中用作钢筋编号的小圆，直径宜为 6mm。在立面图下方画图的是该构件的钢筋详图。在实际工程中，一幢房屋通常有许多各式各样的梁，如果对每条梁都要分别绘画它的详图，无疑工作量将会很大。广东等地区的设计部门常用一种通用的梁表去代替详图，从而大大提高了出图的效率。表 3-6 所示便是梁表中较简单的一种形式。构件配筋图中的箍筋的下料尺寸应指它的里皮尺寸；弯起钢筋的高度尺寸应指它的外皮尺寸。

表 3-6 钢筋混凝土梁表(部分)

钢筋混凝土强度等级：C20

梁号	断面尺寸 b×h /mm	受力筋		配置箍筋			架立筋	支座加筋				支座号(梁号)	梁底标高
		直筋	弯筋	中段	端部 S			底筋		顶筋			
									l		l		
KJL1	180×600	2Φ20		Φ8@200	Φ8@100	600	2Φ12						2.970
⋮													
KJL4	180×400	2Φ20		Φ8@200	Φ8@200		2Φ10	1Φ20	1500			KJL18	3.170
KJL17	180×600	2Φ22	1Φ32	Φ8@150	Φ8@150		2Φ12	1Φ22	1500			KJL7	2.970
								1Φ22	1500			KJL9	

2. 圈梁

为提高建筑物的抗风、抗震、抗温度变化和整体稳定性的能力，防止地基的不均匀沉降，常在基础的顶面、门窗洞口顶部等部分设置连续而封闭的水平梁，称为圈梁，在基础顶面的称为基础圈梁，此时它也充当了防潮层。设在门窗洞口顶部的可代替过梁。在结构平面图中要标出圈梁代号。一般圈梁断面及配筋情况如图 3-23 中的详图所示。当圈梁与其他构件相重叠时，应相互拉通。

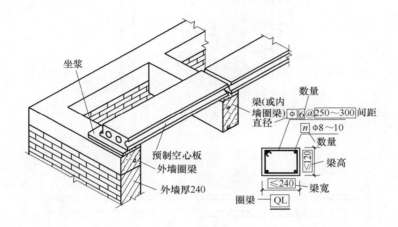

图 3-23　钢筋混凝土圈梁

另外，圈梁的位置应尽可能接近楼板，梁宽通常不小于 240mm 或与墙厚相同；梁高不应小于 120mm，一般为砖块厚度的整数倍，如 180mm、240mm。在地震烈度 8 度及其以上的地区，宜将外墙圈梁的外沿加高使断面呈 L 形，以防止搁置在圈梁上面的楼板做水平位移而脱落。

3. 构造柱

构造柱是从构造上对墙体起加固作用，而不作承受竖向荷载设计计算的构件。在地震烈度 8 度及以上地区的多层砖混结构建筑中必须设置构造柱，它与梁圈一起组成了房屋的空间骨架，如图 3-24(a)所示。

构造柱的断面尺寸一般为 240mm×240mm。受力筋为 4φ12，箍筋为 φ6@250。做法是在砌墙时留出逢 5 退 5 的"大马牙槎"柱洞并架立钢筋骨架，每隔 500mm 配置两条 φ6 的拉结筋，每砌一层楼即灌注混凝土一次，使构造柱与墙体、圈梁融为一体。其平面图如图 3-24(b)所示。

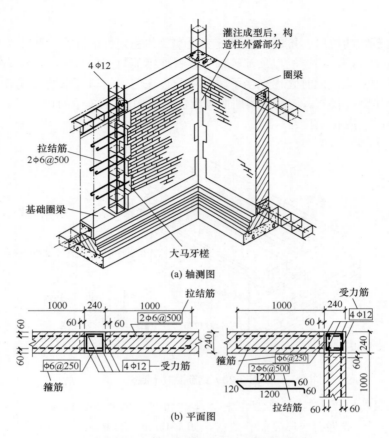

(a) 轴测图

(b) 平面图

图 3-24　构造柱与圈梁构成房屋骨架示意图

4. 预制板

预制钢筋混凝土楼板大致可分为实心板、空心板与槽形板 3 种，其中空心板应用最广，并多采用在工厂预制、现场安装的施工方式。图 3-25 所示为我国中南部地区常用的预制预应力钢筋混凝土空心板的一种形式(国内其他地区不尽相同)，并制作有下列几种规格，分别给予一定的代号，以便用户选用。

板宽：板宽分为 1200mm、600mm、500mm 这 3 种，分别以 1、2、3 为代号。

活荷载：活荷载分为 1.5kPa、2.2kPa、2.5kPa、3.0kPa 四级，分别以 A、B、C、D 为代号。

板长：板长一般按 3×nMo(n 为正整数)的扩大模数预制。例如，27Mo、30Mo 等，当模数为 27Mo 时，板长为 2700mm，以 27 为代号。

板厚：构造尺寸一律为 120mm，在图中不必注明。

现假设在图纸上给出代号"8Y-KB27-2A"，其所表示的内容如图 3-26 所示。

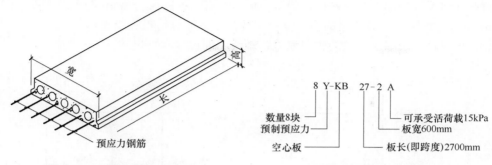

图 3-25　预应力混凝土空心板

图 3-26　8Y-KB27-2A

另外，由于预制板的代号表示方法有多种，在此仅介绍一种，若有需要可自行查找资料。

3.4.2 现浇整体式楼层结构平面图

现浇整体式楼盖由板、主梁、次梁构成，经过绑扎钢筋、支模板，将三者整体现浇在一起，如图 3-27 所示。整体式楼盖的优点是整体性好、抗震性好、适应性强。缺点是模板用量大、现场浇灌工作量大、工期较长、造价较高。

特别提示：配筋相同的楼盖，只需画其中的一块配筋图，其余的可在该板范围内画一对角线，并注明相同板的代号。

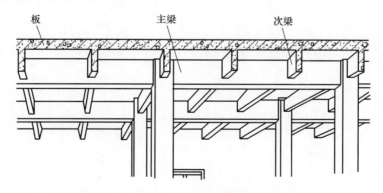

图 3-27　整体式钢筋混凝土楼盖

整体式楼盖结构平面图(见图 3-28)的内容有以下几项。

(1) 用重合断面法表达楼盖的形状和梁的布置情况。

(2) 钢筋的布置情况、形状及编号，每种都有编号。钢筋弯钩向上、向左为底部配筋；

弯钩向右、向下为顶部钢筋。例如，Φ8@150 的钢筋表示直径为 8mm 的 I 级钢筋，间隔为 150mm 并均匀布置。为了突出钢筋的位置和规格，钢筋应用粗实线表示。

(3) 与建筑平面图相一致的轴线编号、轴线间的尺寸和总尺寸。

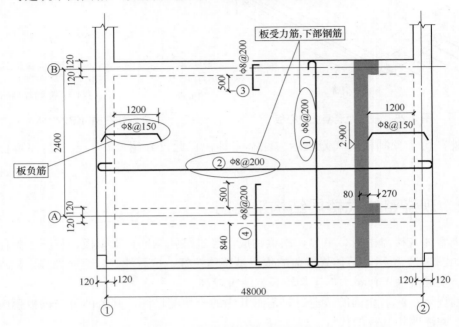

图 3-28　整体式楼盖结构平面图

第 4 章 某多层住宅剪力墙结构工程

4.1 图纸分类和目录

4.1.1 图纸首页

在施工图的编排中，将图纸目录、设计说明、总平面图及门窗表等编排在整套施工图的前面，这些常被称为图纸首页。需要详细设计说明。

4.1.2 图纸目录

在工程实际中，图纸目录放在首页，用 A4 图纸画出。图纸目录按专业列出了整套图纸的编号、图纸数量和图样内容，以某多层住宅剪力墙结构施工图为例，其图纸目录如图 4-1 所示。

从图 4-1 中可以看出，本套结构施工图共有 25 张图样。看图前首先要检查各施工图的数量、图样内容等与图样目录是否一致，防止有缺页、缺项情况。

序号	编号或图号	图纸目录 名 称	编号： 第1页　共1页 张数	备 注
1	91437-341-11-0/1	图纸目录	1	
2	91437-341-11-1	建筑设计总说明一	1	
3	91437-341-11-2	建筑设计总说明二、门窗表	1	
4	91437-341-11-3	建筑设计总说明三、住宅经济技术指标、建筑节能指标	1	
5	91437-341-11-4	半地下室平面图	1	
6	91437-341-11-5	一层平面图	1	
7	91437-341-11-6	二层平面图	1	
8	91437-341-11-7	三-五层平面图	1	
9	91437-341-11-8	六层平面图	1	
10	91437-341-11-9	阁楼层平面图	1	
11	91437-341-11-10	屋顶平面图	1	
12	91437-341-11-11	①-㉗ 立面图	1	
13	91437-341-11-12	㉗-① 立面图	1	
14	91437-341-11-13	Ⓐ-Ⓙ立面图 Ⓙ-Ⓐ立面图、1-1剖面图	1	
15	91437-341-11-14	1#楼梯放大图	1	
16	91437-341-11-15	2#楼梯放大图	1	
17	91437-341-11-16	详图一	1	
18	91437-341-11-17	详图二	1	
		采用标准图集		
1	05Y1～05YJ13-7	05系列建筑标准设计图集 建筑专业合订本(一)	1	河南省工程建设标准设计
2	05YJ4-1～05YJ8	05系列建筑标准设计图集 建筑专业合订本(二)	1	河南省工程建设标准设计
3	05YJ9-1～05YJ13	05系列建筑标准设计图集 建筑专业合订本(三)	1	河南省工程建设标准设计

图 4-1　图纸目录与采用的标准图集

读图时，首先要查看图纸目录。图纸目录可以帮助了解该套图纸有几类，各类图纸有几张，每张图纸的图号、图名、图幅大小；如采用标准图，应写出所使用标准图的名称、所在标准图集的图号和页次。图纸目录常用表格表示。

图纸目录有时也被称为"首页图",意思是第一张图纸,结构设计总说明即为本套图纸的首页图。

编制图纸目录是为了便于查找图纸。从图纸目录中可以读出以下资料。

① 设计单位——某设计研究院(甲级资质)。

② 建设单位——某建设单位。

③ 建筑名称——某多层住宅剪力墙结构工程。

④ 工程编号——工程编号是设计单位为便于存档和查阅而采取的一种管理方法。

⑤ 图纸编号和名称——每项工程会有许多张图纸,在同一张图纸上往往画有若干个图形。因此,设计人员为了表达清楚,便于使用时查阅,就必须针对每张图纸所表示的建筑物的部位,给图纸起一个名称,另外再用数字编号,确定图纸的顺序。

⑥ 图纸目录各列、各行表示的意义。图纸目录第 2 列为编号或图号,填有"91437-341-12-1"字样,其中,"-1"表示图纸张次为第 1 张;第 3 列为图纸名称,填有结构设计总说明、基础平面布置图等字样,表示每张图纸具体的名称;第 4 列为幅面,是指图纸宽度与长度组成的图面。绘制图样时,应采用相关规定的图纸基本幅面尺寸,尺寸单位为毫米(mm),基本幅面代号有 A0、A1、A2、A3、A4 5 种;第 5 列为张数,填写 1,本套图纸张数均为 1 张;第 6 列为备注,直接空白或者填有"甲方自购"等字样。图纸目录的最后几行,填有建筑施工图设计中所选用的标准图集代号、项目负责人、工种负责人、归档接收人、审定人、制表人、归档日期等基本信息。

目前图纸目录的形式由各设计单位自己规定,尚没有统一的格式。但总体上包括上述内容。

4.2　某多层住宅建筑施工图识图

4.2.1 某多层住宅建筑平面图

音频 1：建筑施工
图的重要性.mp3

建筑平面图是指用于表达房屋建筑的平面形状、房间布置、内外交通联系以及墙、柱、门窗等构配件的位置、尺寸、材料和做法等内容的图样。建筑平面图简称"平面图"。它反映出房屋的平面形状、大小和房屋的平面布置情况,墙(或柱子)的位置、厚度、材料,门窗的类型和位置等情况。所以,在施工过程中,是进行放线、砌墙和安装门窗等工作的重要依据。

建筑平面图通常包括楼层平面图、屋顶平面图和局部平面图三类。楼层平面图一般以楼层层次来命名(如"一层平面图"),每层房屋画一个平面图,并在图的正下方标注相应的图名；如果房屋中间若干层的平面布局、构造情况完全一致，则可用一个标准层平面图来表达。局部平面图可以用于表示两层或两层以上合用平面图中的局部不同处，也可以用来将平面图中某个局部以较大的比例另行画出，以便能较为清晰地表示出室内一些固定设施的形状和标注它们的定型尺寸、定位尺寸。屋顶平面图则是房屋顶部按俯视方向在水平投影面上所得到的正投影图。

音频 2：建筑平面图的作用.mp3

1. 半地下室平面图

图 4-2 所示的半地下室平面图是用一个假想水平面剖切在一层楼的窗台上方的全剖面图。它表示：该项目地下室主要为储藏间，严禁存放可燃物平均重量超过 30kg/m^2 的物品，以及各种门窗的布置和水暖位置等。并且注明：地下室建筑面积为 411.4m^2，采用的比例是 1∶100。另外，地下室平面图中所有涂黑墙体均为钢筋混凝土墙，地下室外墙为 250mm 厚，其余隔墙均为加气混凝土砌块墙 200mm 厚，图中除了特殊注明者，轴线均居墙中，三维图如图 4-3 所示。

(1) 门窗的位置及编号。为了便于读图，在建筑平面图中门采用代号 M 表示，窗采用代号 C 表示，加编号以便区分，如图中的 C0916、C1516、M0920 和 FMB0918 等。在读图时应注意每种类型门窗的位置、形式、大小和编号，并与门窗表相对应，了解门窗采用标准图集的代号、门窗型号和是否有备注。从附图门窗表中可知，该栋商住楼共有 9 种类型的窗户和 10 种类型的门。

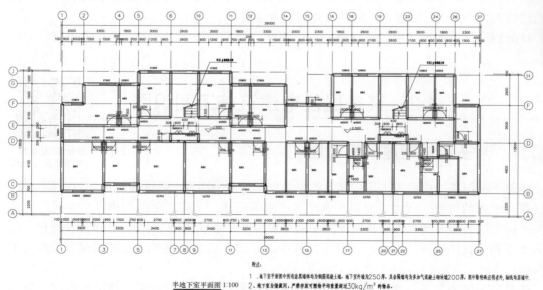

半下室平面图识读.mp4.png

半地下室平面图 1:100
本层建筑面积：411.4平方米

附注：
1．地下室平面图中所有涂黑墙体均为钢筋混凝土墙，地下室外墙为250厚，其余隔墙均为加气混凝土砌块墙200厚，图中除特殊注明者外，轴线均居墙中。
2．地下室为储藏间，严禁存放可燃物平均重量超过30kg/m^{2}的物品。
3．设备专业墙预留洞位置及尺寸见结施及设备施工图。

图 4-2　半地下室平面图

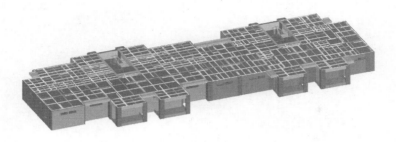

图 4-3　半地下室三维图

（2）建筑剖面图的索引标志。细部做法如另有详图或采用标准图集的做法，在平面图中标注索引符号，注明该部位所采用的标准图集的代号、页码和图号，以便施工人员查阅标准图集，方便施工，如图中⑥～⑩轴和Ｆ轴交汇处 1 号楼梯放大图的索引符号。

（3）各专业设备的布置情况。建筑物内的设备如卫生间的便池、洗面池位置等，读图时注意其位置、形式及相应尺寸。

2. 一层平面图

某多层住宅剪力墙项目一层平面图如图 4-4 所示，一层三维图如图 4-5 所示，从图中可以了解以下内容。

一层平面图.mp4

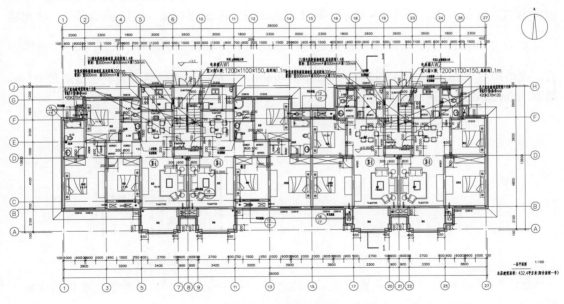

图 4-4　一层平面图

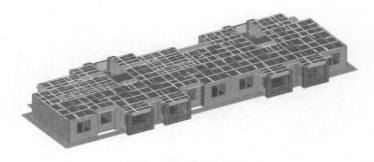

图 4-5　一层三维图

(1)　平面图的图名、比例。建筑平面图的比例有 1：50、1：100、1：200。该图为一层平面图，比例为 1：100，如图 4-6 所示。

一层平面图 ^{1：100}

图 4-6　比例

(2)　本层建筑面积为 432.4m²，阳台面积是按一半计算。

(3)　可以准确地看到指北针的标注与位置关系，如图 4-7 所示。

(4)　建筑的结构形式。钢筋混凝土剪力墙结构。另外，一层平面图中除注明外，涂黑墙体为钢筋混凝土墙，如图 4-8 所示，其余均为加气混凝土砌块墙，除注明墙厚外，填充墙厚度均为 200mm，钢筋混凝土墙详见结施；除注明外，轴线均居墙中。▭表示的是嵌墙明装，底边距地 1.8m，留洞 450mm×550mm×150mm；▯表示的是嵌墙暗装，底边距地 0.5m，留洞 300mm×250mm×115mm。

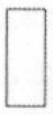

图 4-7　指北针

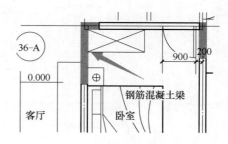

图 4-8　钢筋混凝土梁

(5)　剖面图 1—1 的剖切位置在⑱、⑲轴之间。图中⑥～⑩轴和Ｆ轴交汇处 1#楼梯放大图的索引符号如图 4-9 和图 4-10 所示。

图 4-9　剖面图 1—1

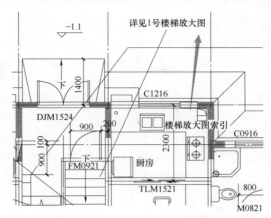

图 4-10　楼梯放大图索引

(6) 该住宅平面为两梯四户的住宅楼,其总长为 39.00m,总宽为 13.80m。四户的入口分别设在⑥～⑩轴线墙和⑲～㉓轴线墙的Ⓔ轴线上,如图 4-11 所示。36-A 户型每户有一个主卧、两个次卧、两个卫生间、一个客厅、一个餐厅和一个厨房,共两户;36-B 户型每户有一个主卧、一个次卧、一个卫生间、一个客厅、一个餐厅和一个厨房,共两户。建筑入口处标高比入口室内楼地面标高低 15mm,以斜坡过渡。

(7) 该住宅的底层室内地坪标高为±0.000m,室外地坪标高为-1.1m,即室内外高差为1100mm。细部做法在平面图中标注索引符号的,如图 4-12 所示,如图中住户配电箱(暗装距地 1.8m)、智能多媒体箱嵌墙暗装(底边距地 300mm 以及留洞:宽 600mm×高 600mm×深150mm)、2U 弱电机柜嵌墙暗装(底边距地 1.4m 以及留洞:宽 600mm×高 600mm×深 150mm)、电表箱 AW1(宽×高×深为 1200mm×1100mm×150mm,底距地 1.1m)以及二次装修轻质隔断等的索引符号。

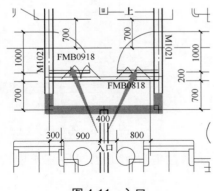

图 4-11　入口

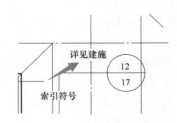

图 4-12　索引符号

(8) 厨房、卫生间集中布置在靠山墙一端,如图 4-13 所示,以方便集中布置管线。厨房、卫生间的楼地面标高比其余房间标高低 20mm，并找 1%坡坡向地漏。另外，厨房、卫生间的布置以给排水图为准。⑤～⑧轴客厅的开间尺寸为 4300mm，⑤～⑥轴餐厅的开间尺寸为 3000mm，餐厅和客厅的进深总计为 9200mm。㉑～㉕轴客厅的开间尺寸为 4200mm，㉓～㉖轴之间餐厅的开间尺寸为 3500mm，餐厅和客厅的进深总计为 8400mm。

(9) 通过一层平面图还可以看到所有的门窗都有编号，如⑥～⑩轴之间和Ⓔ轴交汇处入户门编号为 M1021，其含义为门洞口的宽度为 1000mm、高度为 2100mm；⑤～⑥之间厨房窗的编号为 C1216，其含义为窗洞口的宽度为 1200mm，高度为 1600mm；门窗洞口的宽度也可以从平面图标注的外部尺寸中读出，如图 4-14 所示。

扩展图片 1.
首层建筑门窗.doc

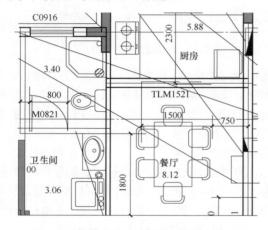

图 4-13　餐厅、卫生间

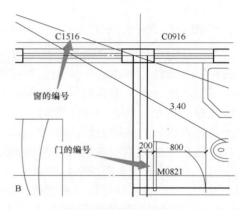

图 4-14　窗、门的编号

(10) 从图中还可以看到多个窗洞都设有窗套，以丰富立面线条。一层平面图中还可看到有FMB0918(乙级防火门)、FMB0818(丙级防火门，见图 4-15)、TLM1521(塑料中空玻璃推拉门)、TLM2725(塑料中空玻璃推拉门)、M1021(保温防盗门)、M0921(平开夹板门)和 M0821(平开夹板门)等。窗有 C1516(塑料中空玻璃推拉窗)、C0916(塑料中空玻璃平开窗)和 C1216(塑料中空玻璃推拉窗)等。

(11) 其他附注。

① 厨房排烟道位置见各层平面图。做法按照《住宅厨房卫生间导流式排气管》(05YJ11-3)第 4 页节点 2。

② 阳台及空调搁板采用地漏排水，位置见平面图示意，做法参见《外装修及配件》(05YJ6)第 36 页节点 1、节点 2。

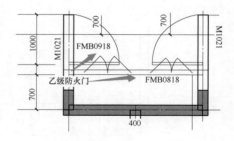

图 4-15　乙级防火门

③ 阳台、空调搁板栏杆做法见《外装修及配件》(05YJ6)第26页节点4，阳台栏杆高度 H 见剖面图，空调搁板栏杆高度 H=600mm，栏杆也可选用成品铁艺栏杆。

④ 空调穿墙管做法见《住宅厨房卫生间导流式排气道图集》(05YJ16)第44页节点1，未安装空调器时用聚苯乙烯泡沫塑料堵严。

⑤ 建筑四周设900mm宽散水，做法详见《室外工程施工图集》(05YJ9-1)第51页节点3。

⑥ 厨房排烟道选用《住宅厨房卫生间导流式排气道图集》(05YJ11-3)第4页 CPB，排烟道尺寸300mm×260mm，排烟道楼板预留洞口尺寸350mm×310mm；排烟口高度为2.4m；排烟道出屋面、风帽做法见《住宅厨房卫生间导流式排气道图集》(05YJ11-3)第12页。

(12) A表示的是 ϕ80 UPVC空调穿墙套管，中心距最近边墙150mm，距楼地面2100mm；B表示的是 ϕ80 UPVC空调穿墙套管，中心距最近边墙150mm，距楼地面150mm。

(13) 一层平面图中住宅使用面积如表4-1所示。

表4-1 一层平面图中住宅使用面积

户型名称		单 位	房间面积
36-A 户型	客厅	m²	19.41
	主卧室	m²	19.57
	卧室	m²	11.70
	卧室	m²	11.78
	厨房	m²	5.88
	餐厅	m²	8.12
	主卧卫生间	m²	6.12
	卫生间	m²	6.46
36-B 户型	客厅	m²	18.93
	主卧室	m²	16.56
	卧室	m²	10.20
	厨房	m²	6.72
	餐厅	m²	11.22
	卫生间	m²	4.49

3. 二层、三至五层平面图

二层、三至五层平面图如图4-16和图4-17所示。

4. 六层平面图

图4-18所示为某多层住宅剪力墙项目六层平面图，从图中可以了解以下内容。

六层平面图的图示内容和方法与一层平面图(见图4-4)基本相同，它们的不同之处如下。

(1) 六层是本建筑的顶层住宅，楼面标高为15.000m，如图4-19所示。

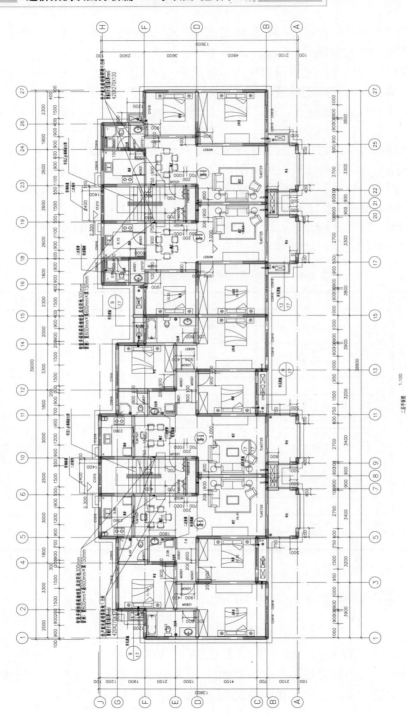

二层平面图 1:100

本层建筑面积:432.4平米(阳台面积一半)

图4-16 二层平面图

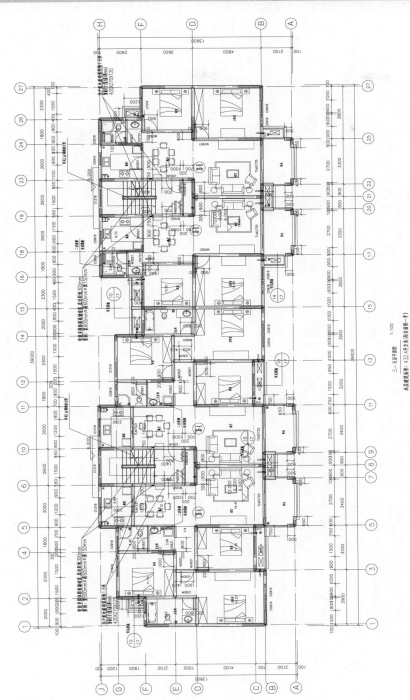

图4-17 三至五层平面图

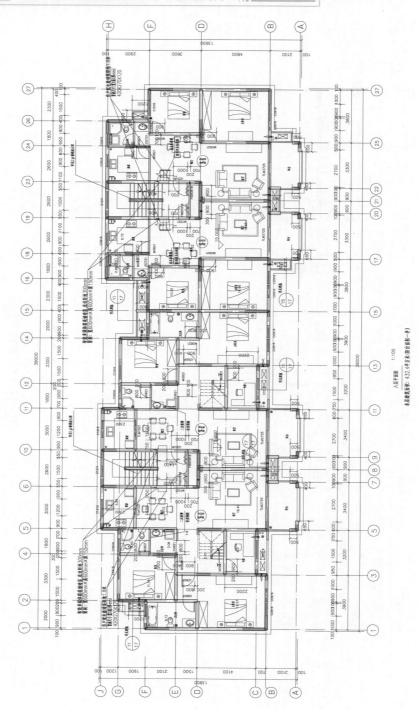

图4-18 六层平面图

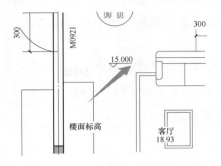

图 4-19　楼面标高

(2)　该层布置为：36-A1 户型(见图 4-20)每户有一个主卧、一个次卧、一个书房、两个卫生间、一个客厅、一个餐厅和一个厨房，36-A2 户型与其一样；36-B1 户型每户有一个主卧、一个次卧、一个卫生间、一个客厅、一个餐厅和一个厨房，36-B2 户型与其一样。

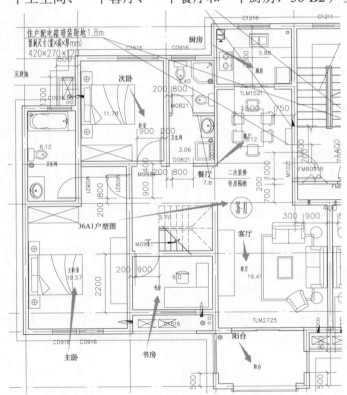

图 4-20　36-A1 户型图

(3) 36-A1 和 36-A2 户型书房平面图的上方设有楼梯，此楼梯通向阁楼房间，其位置如图 4-21 所示。

(4) 楼梯、住户配电箱等处有标准详图索引，另外，在②轴线与Ⓖ～Ⓕ轴之间的 $\left(\frac{11}{17}\right)$ 是指此处的空调板详图在第 17 张图纸的⑪详图，同理，$\left(\frac{15}{17}\right)$ 和 $\left(\frac{17}{17}\right)$ 是指此处的空调板详图在第 17 张图纸的⑮和⑰详图，如图 4-22 所示。

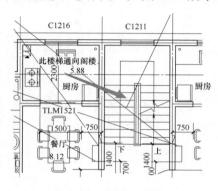

图 4-21　楼梯位置示意

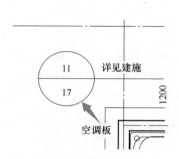

图 4-22　空调板示意

5. 阁楼层平面图

图 4-23 所示为某多层住宅剪力墙项目阁楼层平面图，从图中可以了解以下内容。

(1) 本层是该建筑物的阁楼层平面图，楼面标高为 18.000m，如图 4-24 所示。

(2) 该层布置有起居室上空、杂物间、楼梯预留洞和四间卫生间以及暖、水的布置走向，如图 4-25 所示。

(3) 管道井出屋面处有标准详图索引，楼梯放大图索引如图 4-26 所示。

(4) 其他附注。

① 卫生间的楼地面标高比其余房间标高低 20mm，并找 1%坡坡向地漏。

② 卫生间布置以给排水图为准。

③ 除注明外，涂黑墙体为钢筋混凝土墙，其余均为加气混凝土砌块墙，除注明墙厚外，填充墙厚度均为 200mm，钢筋混凝土墙详见结施。除注明外，轴线均居墙中。□表示的是嵌墙暗装，底边距地 1.8m，留洞 450mm×550mm×150mm。

6. 屋顶平面图

图 4-27 所示为某多层住宅剪力墙项目屋顶平面图，屋顶三维图如图 4-28 所示，从图中可以了解以下内容。

(1) 本建筑屋顶为坡屋顶。

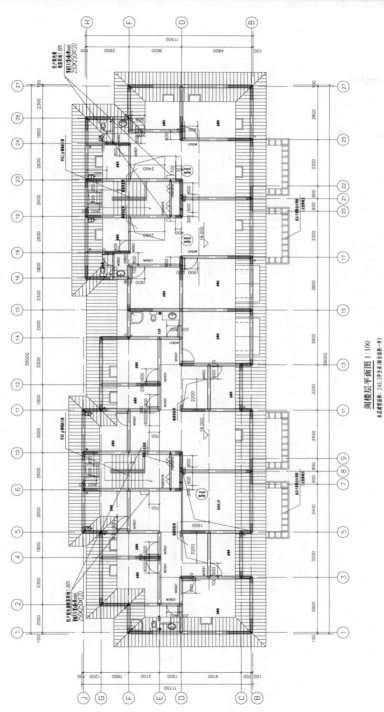

阁楼层平面图 1:100

本层建筑面积: 246.3平方米(阳台面积一半)

图 4-23　阁楼层平面图

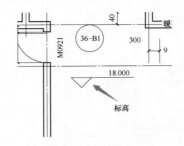

图 4-24 标高

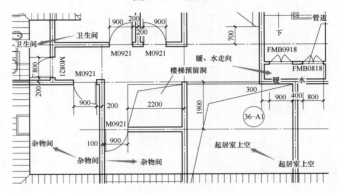

图 4-25 各布置走向

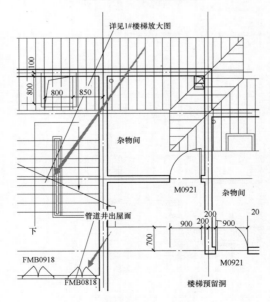

图 4-26 索引

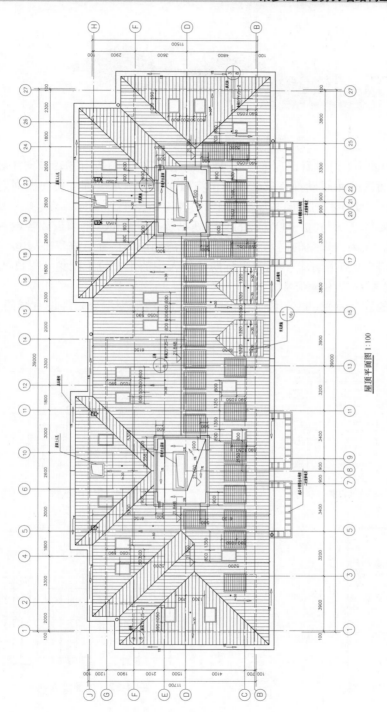

屋顶平面图 1:100

图 4-27　屋顶平面图

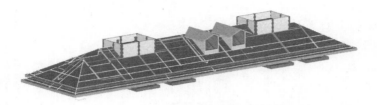

图 4-28　屋顶三维图

(2)　在屋顶平面图中，可以看出屋面的排水方向(用箭头表示)是由Ⓔ轴坡向Ⓙ轴，坡度为 30%。在屋顶平面图的四周设置有成品檐沟，将屋面上的雨水全都汇集在檐沟之内。在檐沟内的一定位置处，设有不同方向且坡度为1%的坡，如图 4-29 所示。在①、②轴之间、⑭、⑮轴之间、㉖、㉗轴之间与Ⓗ～Ⓕ轴线的交汇处以及在㉕轴和Ⓑ轴附近，各设有一雨水管，如图 4-30 所示。天沟内聚集的雨水将会顺雨水管流向地面。而且在㉗轴与Ⓑ～Ⓗ轴之间，设有斜天沟，如图 4-31 所示，索引符号标明了斜天沟的出处位于图集 05YJ2-2，另外，正脊和斜脊部分也是要参考图集 05YJ2-2。

(3)　在图 4-27 的⑥～⑩轴、⑲～㉓轴之间与Ⓗ～Ⓕ轴线的交汇处附件设有屋面上人孔，如图 4-32 所示。

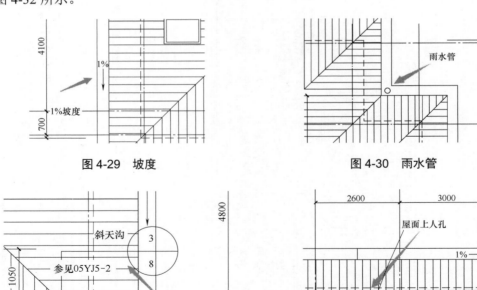

图 4-29　坡度

图 4-30　雨水管

图 4-31　斜天沟

图 4-32　屋面上人孔

(4) 在⑧轴、㉑轴与Ⓓ轴交汇处设有管道井出屋面，具体坡度详见管道井出屋面图。另外，屋顶面标高为 21.300m，管道井出屋面标高为 21.600m，如图 4-33 所示。

(5) 在图 4-27 的⑬~⑰轴和Ⓑ轴线的交汇处，设有老虎窗。索引符号标明了老虎窗的具体尺寸和标高位于第 16 张图纸的①号老虎窗详图，如图 4-34 和图 4-35 所示。

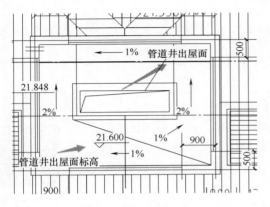

图 4-33　标高

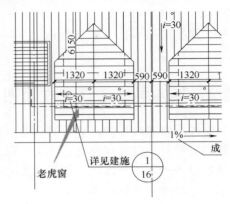

图 4-34　老虎窗

(6) 该层阳台均采用成品卡普隆仿木构架，二次装修确定，如图 4-36 所示。

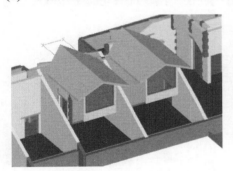

图 4-35　老虎窗三维图

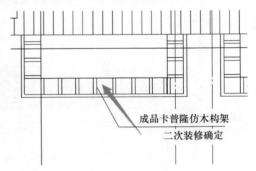

图 4-36　二次装修

(7) 附注部分。

① 坡屋面设防做法为《工程建设标准设计图集》(05YJ1)第 103 页屋 23。块瓦采用彩色水泥瓦瓦型，颜色由建设单位确定并应与施工单位配合。

② 坡屋面详细构造做法《坡屋面》(05YJ5-2)有关节点：檐口做法见《坡屋面》(05YJ5-2)第 2 页节点 2A，成品檐沟的材料及形式由建设单位确定，正脊、斜脊及斜天沟做法见《坡屋面》(05YJ5-2)第 8 页；管井等出坡屋面泛水做法见《坡屋面》(05YJ5-2)第 29 页节点 2；管井等出平屋面泛水做法见 W05YJ5-1 第 14 页节点 1；斜天窗做法，见《坡屋面》(05YJ5-2)

第 20 页，老虎窗做法见《坡屋面》(05YJ5-2）第 23 页及本设计有关节点详图，屋面上人孔做法见《坡屋面》(05YJ5-2)第 27 页节点 1；管道出屋面做法见《坡屋面》(05YJ5-2)第 28 页节点 2；避雷带做法见《坡屋面》(05YJ5-2)第 31 页有关节点。

③ 排气风帽出屋面构造节点做法见《住宅厨房卫生间导流式排气道规范图集》(05YJ11-3）第 12～14 页。

④ 平屋面过水孔大小 500mm×200mm(宽×高)，做法参见《平屋面》(05YJ5-1)第 28 页节点 5。

4.2.2 某多层住宅建筑立面图

立面图反映建筑外貌，室内的构造与设施均不画出。由于图的比例较小，不能将门窗和建筑细部详细表示出来，图上只是画出其基本轮廓，或用规定的图例加以表示。用来体现建筑物立面上的层次变化和艺术效果，为建筑物的外形设计和后期装修提供依据。

扩展图片 2.住宅
建筑立面图.doc

图 4-37 至图 4-40 分别为某多层住宅剪力墙项目①～㉗立面图、㉗～①立面图、⑪～Ⓐ立面图和Ⓐ～⑪立面图，从图中可以了解到以下内容。

(1) 看图名、轴线和比例尺，了解表现的是哪个立面。该建筑的立面图比例尺均为 1：100，如图 4-41 所示。

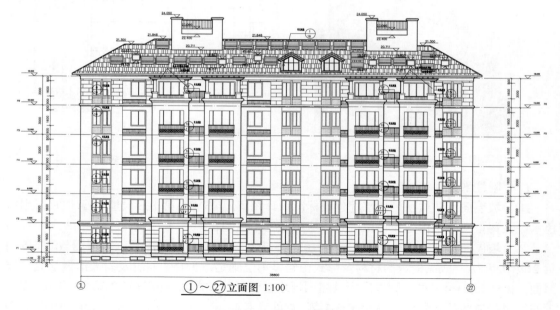

①～㉗立面图 1:100

图 4-37 ①～㉗立面图

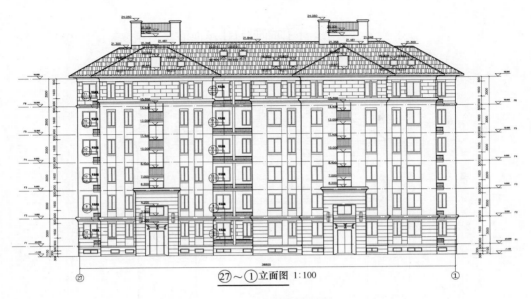

㉗~①立面图 1:100

图 4-38　㉗~①立面图

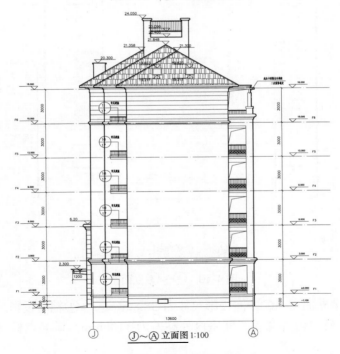

Ⓙ~Ⓐ立面图 1:100

图 4-39　Ⓙ~Ⓐ立面图

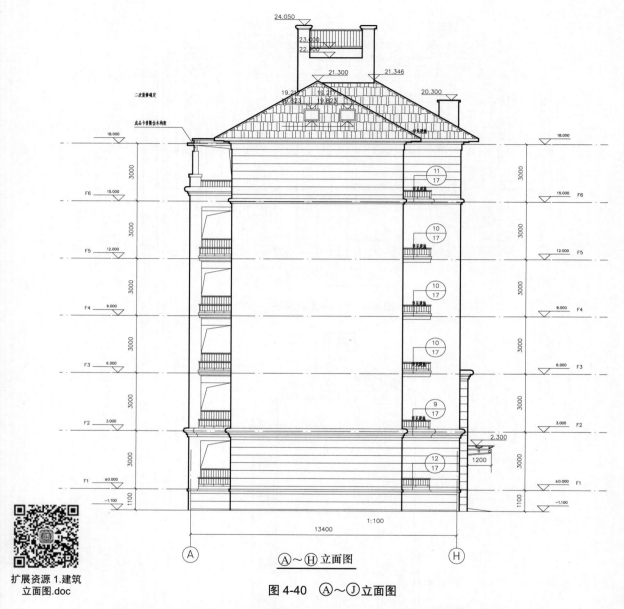

图 4-40 Ⓐ～Ⓙ立面图

(2) 图 4-37 中立面①～㉗轴间投影尺寸为 38.8m，Ⓐ～Ⓙ轴间投影尺寸为 13.8m；看室外地坪标高，了解室内外高差，即室内外高差为 1100mm；最高点标高为 24.050m，如图 4-42 所示。

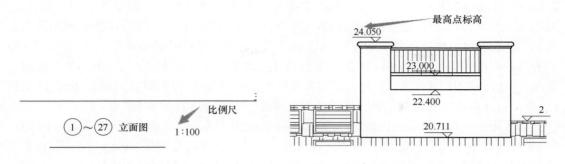

图 4-41　比例尺　　　　　　　　　　　图 4-42　标高

(3)　从图上可以看出同层高的标准层共有 6 层，为 6 层多层住宅。一至六层为普通住宅，利用坡屋面阁楼层作杂物间。建筑高度为 19.300m(室外设计地面到坡屋面檐口的高度)，地上建筑层高 3.000m，地下室层高 2.500m，如图 4-43 所示。

(4)　$\frac{5}{16}$、$\frac{6}{16}$、$\frac{7}{16}$、$\frac{8}{16}$ 和 $\frac{17}{17}$ 等在图①～㉗立面图中多处设置的索引符号，如在图 4-44 中上方的 $\frac{6}{16}$ 处设有老虎窗，索引符号标明了老虎窗的具体尺寸和标高位于第 16 张图纸的⑥号老虎窗详图，如图 4-44 所示。

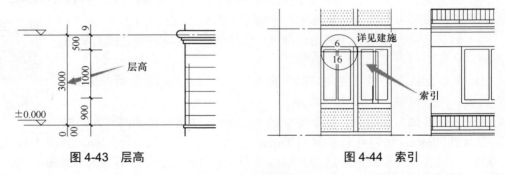

图 4-43　层高　　　　　　　　　　　　图 4-44　索引

(5)　从①～㉗、㉗～①、Ⓙ～Ⓐ和Ⓐ～Ⓙ立面图左下角的标注中可以看出墙面的做法如下。

①　外墙外保温材料为 50mm 厚聚苯乙烯保温隔热板，外保温构造参见索引标准图《外墙外保温构造图集》(05YJ3-1）第 D1～D27 页有关节点。不带窗套窗口(涂料饰面)做法见《外墙外保温构造图集》(05YJ3-1)第 D7 页，带窗套窗口(涂料饰面)做法见《外墙外保温构造图集》(05YJ3-1)第 D8 页；勒脚外保温(涂料饰面)做法见《外墙外保温构造图集》(05YJ3-1)第 D10 页节点 3、4；外露楼板(涂料饰面)保温做法见《外墙外保温构造图集》(05YJ3-1)第 D12 页节点 4；空调机搁板(涂料饰面)做法见《外墙外保温构造图集》(05YJ3-1)第 D11 页节点 4；不带窗套窗口(面砖饰面)做法见《外墙外保温构造图集》(05YJ3-1)第 D19 页，带窗套

窗口(面砖饰面)做法见《外墙外保温构造图集》(05YJ3-1)第 D20 页；勒脚外保温(面砖饰面)做法见《外墙外保温构造图集》(05YJ3-1)第 D22 页节点 3、4；外露楼板(面砖饰面)保温做法见《外墙外保温构造图集》(05YJ3-1)第 D24 页节点 4；空调机搁板(面砖饰面)做法见《外墙外保温构造图集》(05YJ3-1)第 D23 页节点 4；空调室外机安装做法见《外墙外保温构造图集》(05YJ3-1)第 H4 页；室外构件支架安装做法见《外墙外保温构造图集》(05YJ3-1)第 H5 页；室外雨水管安装做法见《外墙外保温构造图集》(05YJ3-1)第 H6 页。

② 无保温层涂料墙面(阳台及空调搁板局部)做法见《工程建设标准设计图集》(05YJ1)第 49 页外墙 16；有保温层涂料外墙面做法见《外墙外保温构造图集》(05YJ3-1)第 D5 页，涂料为彩砂涂料，有保温层面砖外墙面做法见《外墙外保温构造图集》(05YJ3-1)第 D17 页，外墙面一层及单元入户口处门斗为仿毛石淡黄色面砖，二至五层均为米黄色外墙面涂料，六层为砖红色面砖，规格及贴装方式为仿清水砖墙。所有外墙线脚及窗套为浅灰色。

4.2.3 某多层住宅建筑剖面图

主要表示房屋的内部结构、分层情况、各层高度、楼面和地面的构造以及各配件在垂直方向的相互关系等内容。

剖面图的剖切位置应选在能反映内部构造的部位，并能通过门窗洞口和楼梯间。

剖面图的投影方向及视图名称应与平面图上的标注保持一致。

图 4-45 所示为某多层住宅剪力墙项目一层平面图中⑱～⑲轴之间的 1—1 剖面图，从图中可以了解到以下内容。

扩展资源 2.建筑剖面图的作用.doc

(1) 从剖面图上可以看竖向被剖到的墙、窗、门以及阳台位置的情形；横向的板、梁的位置，如图 4-46 所示。

(2) 从图左侧可以看到，地下室层高为 2.5m、地下室储藏间平开夹板门高度为 2000mm，室内外高差为 1100mm，一至六层的层高均为 3.0m，如图 4-47 所示。

(3) 可以看到一至六层厨房的窗口高度为 1600mm，窗台下墙高为 900mm，窗口上墙体为 500mm，餐厅和厨房之间的平开夹板门高度为 2100mm，客厅通向阳台的塑料中空玻璃推拉门的高度为 2500mm，如图 4-48 所示。

(4) 一层单元入户口处门斗的顶标高为 2.300m，二层单元入口处墙面装饰顶标高为 6.20m，如图 4-49 所示。

(5) 六层上部是阁楼层，阁楼的顶部标高为 21.848m，如图 4-50 所示。

(6) 本建筑的顶标高为 24.050m，如图 4-51 所示。

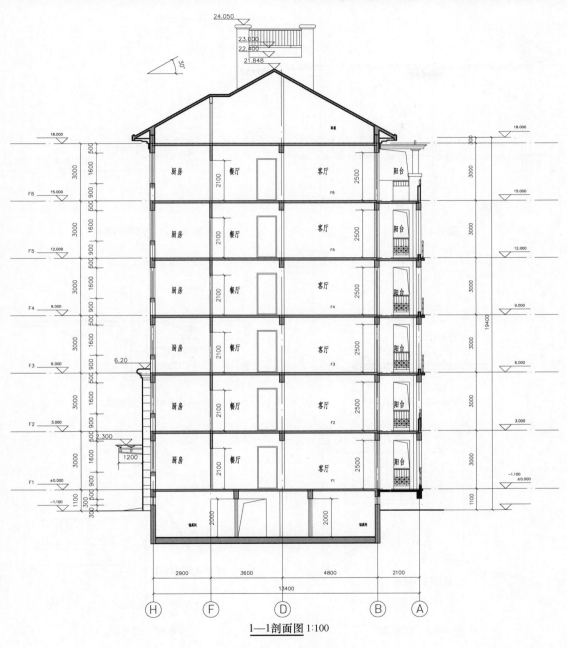

1—1剖面图 1:100

图 4-45　1—1 剖面图

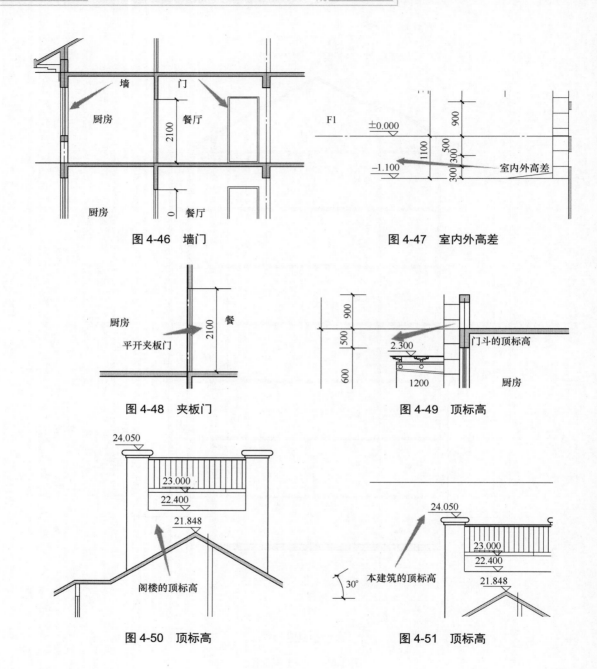

图 4-46 墙门

图 4-47 室内外高差

图 4-48 夹板门

图 4-49 顶标高

图 4-50 顶标高

图 4-51 顶标高

4.3　某多层住宅结构施工图识图

4.3.1 ▌图纸目录

　　结构施工图目录是指结构施工图内容前所载的目次，是说明结构施工图图纸的工具。建筑结构施工图目录是记录图纸的名称、设计院与项目相关信息等情况，按照一定的次序编排而成，为反映内容、指导阅读、检索图纸的工具。

　　结构施工图目录有两个功能，即检索功能和导读功能。

　　①　检索功能是施工图目录的最基本的功能。识图者能够通过目录，快速地查找所需要的信息。

　　②　导读功能。结构施工图图纸有大有小，有多有少。特别是那些有上百张的施工图纸，经常会有初学者面对着一大堆图纸，不了解关于某一问题该读哪张图纸，不懂得识读的先后缓急，不知道哪些图纸该精读，哪些图纸只需一般浏览。结构施工图则有效地解决了这些问题，如图 4-52 和图 4-53 所示。

序号	编号或图号	图纸目录 名　称	幅面	结构 编号：第　页　共　页 张数	备注
1	91437-341-12-0/1	图纸目录		1	
2	91437-341-12-1	结构设计总说明		1	
3	91437-341-12-2	基础平面布置图		1	
4	91437-341-12-3	基础顶~0.090剪力墙平法施工图(一)		1	
5	91437-341-12-4	基础顶~0.090剪力墙平法施工图(二)		1	
6	91437-341-12-5	-0.090~5.910剪力墙平法施工图(一)		1	
7	91437-341-12-6	-0.090~5.910剪力墙平法施工图(二)		1	
8	91437-341-12-7	5.910~14.910剪力墙平法施工图(一)		1	
9	91437-341-12-8	5.910~14.910剪力墙平法施工图(二)		1	
10	91437-341-12-9	14.910~屋面剪力墙平法施工图(一)		1	
11	91437-341-12-10	14.910~屋面剪力墙平法施工图(二)		1	
12	91437-341-12-11	一层梁平法施工图		1	
13	91437-341-12-12	一层板配筋图		1	
14	91437-341-12-13	二、三层梁平法施工图		1	
15	91437-341-12-14	四、五层梁平法施工图		1	
16	91437-341-12-15	二~五层板配筋图		1	
17	91437-341-12-16	六层梁平法施工图		1	
18	91437-341-12-17	六层板配筋图		1	
19	91437-341-12-18	阁楼层梁平法施工图		1	
20	91437-341-12-19	阁楼层板配筋图		1	
21	91437-341-12-20	坡屋面梁平法施工图		1	
22	91437-341-12-21	坡屋面板配筋图		1	
23	91437-341-12-22	1#楼梯详图		1	
24	91437-341-12-23	2#楼梯详图		1	
25	91437-341-12-24	节点详图		1	

图 4-52　结构图纸目录

设计研究院		图集目录		结构	编号：	
			墙置		第页 共页	
序号	编号或图号	名 称		层数	备 注	
		采用的标准图集				
1	06G101-6	混凝土结构施工图平面整体表示方法 制图规则和构造详图（独立基础、条形基础、桩基承台）		1册	甲方自购	
2	03G101-2	混凝土结构施工图平面整体表示方法制图 规则和构造详图（现浇混凝土板式楼梯）		1册	甲方自购	
3	03G101-1	混凝土结构施工图平面整体表示方法 制图规则和构造详图		1册	甲方自购	
4	04G101-3	混凝土结构施工图平面整体表示方法 制图规则和构造详图（筏形基础）		1册	甲方自购	
5	02YG301	钢筋混凝土连梁		1册	甲方自购	
6	02YG001-2	钢筋混凝土结构抗震构造详图		1册	甲方自购	

图 4-53 结构采用的标准图集

4.3.2 梁平法施工图

图 4-54 所示为某多层住宅剪力墙项目一层梁平法施工图，从图中可以了解到以下内容。

图 4-54 中画圈的Ⓓ～Ⓖ轴与⑤轴的交汇处的 KL4(1)为例，表示的是第 4 号楼层框架梁，1 跨，如果括号内带有 A，则表示一端有悬挑，带有 B 则表示两端有悬挑，悬挑梁不计入跨数；200mm×400mm($b×h$)表示梁的截面尺寸标注，其中，梁宽为 200mm，梁高为 400mm；Φ8@100/200(2)表示的是箍筋为 HPB300 级钢，直径为 8mm，加密区间距为 100mm，非加密区间距为 200mm，均为两肢箍；如果梁的上部纵筋和下部纵筋均为贯通筋，且多数跨相同时，也可将梁上部和下部贯通筋同时注写，中间用"；"将上部与下部纵筋的配筋值分隔开，如"2Φ16；3Φ14"表示梁的上部配置 2Φ16 通长钢筋，梁的下部配置 3Φ14 通长钢筋。

一层梁平法
施工图.mp4

梁侧面纵向构造钢筋或受扭钢筋的配置，该项为必注值。当梁腹板高度大于 450mm 时，需配置梁侧纵向构造钢筋，其数量及规格应符合规范要求。注写此项时以大写字母 G 打头，接续注写设置在梁两个侧面的总配筋值，且对称配置，如 G4Φ12，表示梁的两个侧面共配置 4Φ12 的纵向构造钢筋，每侧配置 2Φ12。当梁侧面需要配置受扭纵向钢筋时，此项注写值时以大写字母 N 打头，接续注写配置在梁两个侧面的总配筋值，且对称配置。受扭纵向钢筋应满足梁侧面纵向构造钢筋的间距要求，且不再重复配置纵向构造钢筋，如图中画圈的 N4Φ12，表示梁的两个侧面共配置 4Φ12 的受扭纵向钢筋，每侧各配置 2Φ12。

扩展图片 3.
梁三维图.doc

另外，"+0.060"表示的是梁顶面标高比楼面标高高出 0.060m。

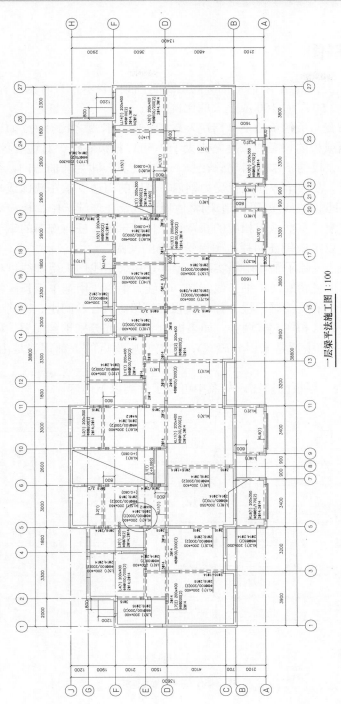

一层梁平法施工图 1：100

图 4-54　一层梁平法施工图

4.3.3 板配筋图

钢筋混凝土现浇板的结构详图通常采用配筋平面图表示，有时也可补充断面图。配筋平面图一般采用 1：50、1：100 或更大的比例。

板中钢筋的布置与板的周边支承情况及板的长短边长度之比有关。如果板的两个对边自由或板的长短边长度之比大于 2，可以把板看作一对边支撑，按单向板计算配筋，板的下部受力筋只在一个方向配置，即为弯曲方向；否则应按双向板考虑，在两个方向配置受力钢筋。当板的周边支承在墙体或与钢筋混凝土梁(包括圈梁、边梁等构造梁)整体现浇以及在连续梁中，板应看作连续板，上部应配置负筋承担相应的负弯矩。任何部位、任何方向的钢筋均应加设分布筋，以形成钢筋网片，确保受力筋的间距。

扩展图片 3.板及板
钢筋三维图.doc

在配筋平面图上，除了钢筋用粗实线表示外，其余图线均采用细线以将钢筋突显出来，不可见轮廓线用细虚线绘制，轴线、中心线用细单点长画线绘制。每种规格的钢筋只需画一根并标出其强度等级、直径、间距、钢筋编号。板的配筋有分离式和弯起式两种，如果板的上下钢筋分别单独配置，称为分离式(现在的设计中通常采用分离式)；如果支座附近的上部钢筋是由下部钢筋弯起得到，称为弯起式。

一层板配筋图
识读.mp4

图 4-55 所示为一层板配筋图。从图中可以了解到以下内容。

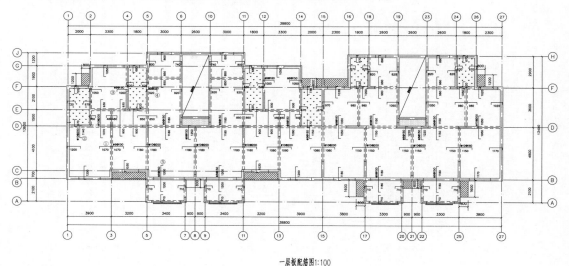

一层板配筋图1:100

图 4-55　一层板配筋图

(1) 在该块板中，①号 $\Phi8@100$ 钢筋是面筋(板负筋)，表示的是三级钢筋，直径为 8mm，间距 100mm，两端直弯钩向下，配置在板顶层；②号 $\Phi10@200$ 钢筋是面筋，表示的是三级钢筋，直径 10mm，间距 200mm，两端直弯钩向下，配置在板顶层；③号 $\Phi8@100$ 钢筋是面筋，表示的是三级钢筋，直径 8mm，间距 180mm，两端直弯钩向右或向下，配置在板顶层，如图 4-56 所示。

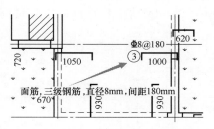

图 4-56　面筋

(2) 附注。

① 图中板顶高未注明者均为 H_0，$H_0=-0.090$，未注明的板厚均为 120mm；板底未画钢筋者，均在板底双向设 $\Phi8@200$，板底钢筋未注明者，均为 $\Phi8@200$。

② 图中 ▨ 板底标高为 $H=-0.040$。

③ 图中 ▧ 为空调板，见结施-24 节点详图，施工需严格按照建筑大样进行。

④ 图中 ▭ 表示板厚为 80mm，双层双向设 $\Phi6@170$。

⑤ 材料见总说明，大样图施工需严格按照建筑图进行。

⑥ 水暖电专业留洞详见各专业施工图，水、暖井预留钢筋，待管道安装完后二次浇注。

4.3.4 ▎剪力墙平法施工图

1. 剪力墙识读规范

(1) 剪力墙平法施工图是在剪力墙平面布置图上采用列表注写方式或截面注写方式表达。

(2) 剪力墙平面布置图可采用适当比例单独绘制，也可与柱或梁平面布置图合并绘制。当剪力墙较复杂或采用截面注写方式时，应按标准层分别绘制剪力墙平面布置图。

2. 某多层住宅剪力墙项目剪力墙平法施工图识读

图 4-57 所示为某多层住宅剪力墙项目-0.090～5.910m 剪力墙平法施工图(一)，从图中可以了解到以下内容。

剪力墙平法
施工图.mp4

音频 3：剪力墙
结构.mp3

扩展资源 3.剪力墙
结构的优缺点及
适用范围.doc

(1) 图 4-57 所示的⑤轴、⑨轴、⑰轴、㉒轴与Ⓐ轴交汇处的 KZ1。读图 4-58 可知纵筋为 12Φ16，表示的是纵筋全部为 12 根直径为 16mm 的三级钢筋；箍筋为 Φ8@100/150，表示的是箍筋为一级钢筋，直径为 10mm，加密区间距为 100mm、非加密区间距按 150mm 布置；X 向截面定位尺寸，自轴线向右 400mm；凸出墙部位，X 向截面定位尺寸，自轴线向两侧各 100mm；凸出墙部位，Y 向截面定位尺寸，自轴线向上 100mm，向下 100mm。

(2) ⑦轴、⑪轴、⑳轴、㉕轴与Ⓐ轴交汇处的 KZ2 识读同 KZ1，如图 4-59 所示。

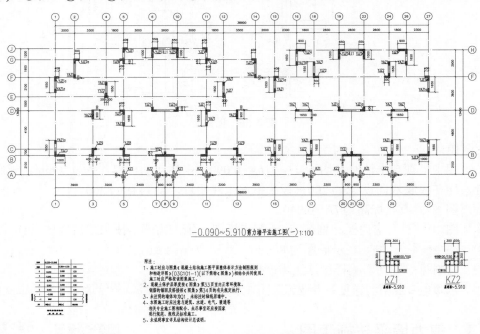

图 4-57　−0.090～5.910m 剪力墙平法施工图(一)

图 4-58　KZ1

图 4-59　KZ2

（3）如图 4-60 所示连梁 1(LL1)。2 层连梁截面宽为 200mm，高为 470mm，梁顶低于 1 层结构层标高 0.890m；3 层连梁截面宽为 200mm，高为 470mm，梁顶低于 3 层结构层标高 1.240m；箍筋是 $\underline{\Phi}8@100(2)$，三级钢筋，直径为 8mm，间距为 100mm(2 肢箍)。另外，连梁 LL1 洞口宽度均为 1500mm；上部、下部纵筋均使用 3 根三级钢筋，直径 14mm；侧面纵筋布置均同墙水平分布筋。

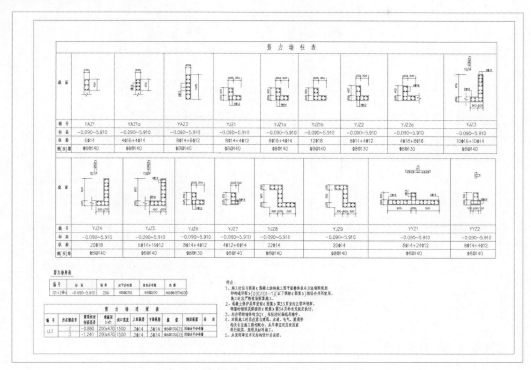

图 4-60　-0.090~5.910 剪力墙平法施工图(二)

（4）剪力墙 1 号(Q1)(设置两排钢筋)。墙身厚度 200mm；水平分布筋 Φ8@200，表示的是用一级钢筋，直径 8mm，间距 200mm；竖直分布筋 Φ8@200，表示的是用一级钢筋，直径 8mm，间距 200mm；墙身拉筋 Φ6@600×600，表示的是用一级钢筋，直径 6mm，间距 600mm(图纸说明中会注明布置方式)。

4.3.5　楼梯结构图

图 4-61、图 4-62 所示为 1#楼梯详图，从图中可以了解以下内容。

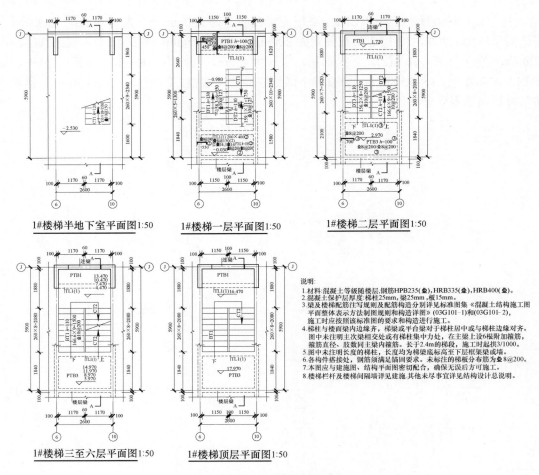

1#楼梯半地下室平面图1:50　　1#楼梯一层平面图1:50　　1#楼梯二层平面图1:50

1#楼梯三至六层平面图1:50　　1#楼梯顶层平面图1:50

说明:
1.材料:混凝土等级随楼层,钢筋HPB235(Φ),HRB335(Φ),HRB400(Φ)。
2.混凝土保护层厚度:梯柱25mm,梁25mm,板15mm。
3.梁及楼梯配筋注写规则及配筋构造分别详见标准图集《混凝土结构施工图平面整体表示方法制图规则和构造详图》(03G101-1)和(03G101-2),施工时应按照该标准图的要求和构造进行施工。
4.梯柱与楼面梁内边缘齐,梯梁或平台梁对于梯柱居中或与梯柱边缘对齐。图中未注明主次梁相交处或有梯柱集中力处的,在主梁上设6根附加箍筋,箍筋直径、肢数同主梁内箍筋。长于2.4m的梯段,施工时起拱3/1000。
5.图中未注明长度的梯柱,长度均为梯梁底标高至下层框架梁或墙。
6.各构件搭接处,钢筋须满足错固要求。未标注的梯板分布筋为Φ8@200。
7.本图应与建施图、结构平面图密切配合,确保无误后方可施工。
8.楼梯栏杆及楼梯间隔墙详见建施,其他未尽事宜详见结构设计总说明。

图4-61　楼梯的平面图

图4-62　1#楼二层楼梯三维图

(1) 图中所示的楼梯平面图有 5 个，分别是 1#楼梯半地下室平面图、1#楼梯一层平面图、1#楼梯二层平面图、1#楼梯三至六层平面图、1#楼梯顶层平面图，比例均为 1：50。此楼梯位于 Ⓓ～Ⓙ 轴线和 ⑥～⑩ 间如图 4-63 所示。

(2) 楼梯平台板、楼梯梁和梯段板都为现浇，图中画出了现浇板内的配筋，梯段板和楼梯梁另有详图画出，因此在平面图上只注明代号和编号，如图 4-64 所示。

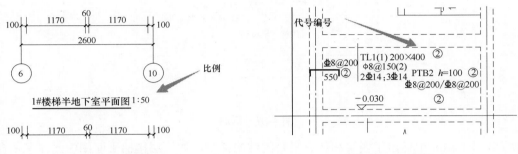

图 4-63　比例

图 4-64　代号编号

(3) 从图上可看出，梯段板有 6 种，代号分别为 CT1、DT1、DT2、DT3、CT2、BT1，半地下室楼梯长 2340mm、宽 1170mm，一层楼梯长 2340mm、宽 1150mm，二至六层楼梯长 2080mm、宽 1170mm，顶层楼梯长 2080mm、宽 1150mm；楼梯梁只有一种 TL1；一层及其以上有楼层梁，二层及以上都有楼梯连梁。其中 PB1、PB2、PB3 分别为 3 个平台板的编号，在一层楼梯平面图和二层平面图上相应位置，把 PB1、PB2、PB3 的配筋情况均以图示出，故不需另绘板的配筋图，并标注平台板的厚度 $h=100$mm，如图 4-65 所示。

(4) 此图中把梯段板的配筋图直接表示在剖面图中，如图 4-66 所示。

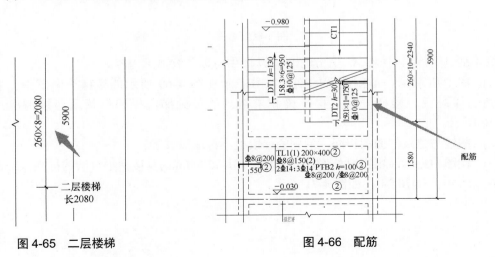

图 4-65　二层楼梯

图 4-66　配筋

(5) 从图 4-67 中可以看到，每层楼面的结构标高均注明，并分别标注板的厚度。

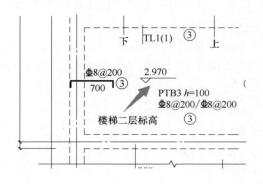

图 4-67 标高

(6) 图 4-68 中标出了楼层和休息平台的结构标高，如二层楼梯平面图中的休息平台顶面结构标高 1.720m、楼层面结构标高 2.970m 等。

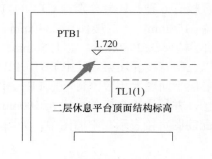

图 4-68 标高

图 4-69 所示为 1#楼梯 A—A 剖面图，从图中可以了解以下内容。

(1) 图中所示 A—A 剖面图的剖切符号表示在图 4-69 所示的楼梯平面图中。表示了剖到的梯段板、楼梯平台、楼梯梁和未剖到的可见梯段板的形状及连接情况，如图 4-70 所示。

(2) 图线与建筑剖面图相同，剖到的梯段板不再涂黑表示。

(3) 在图中还标注出梯段外形尺寸、楼层高度(3000mm)及楼梯平台结构标高(-2.530、-0.030、2.970、5.970 等)，如图 4-71 所示。

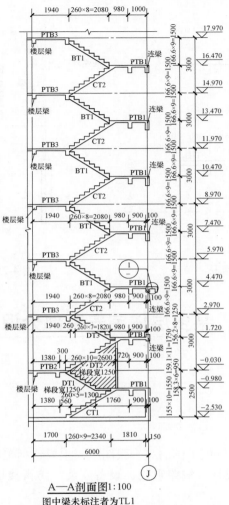

A—A剖面图1:100
图中梁未标注者为TL1

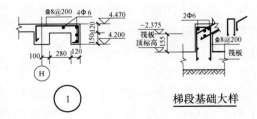

梯段基础大样

图4-69　A—A楼梯剖面图

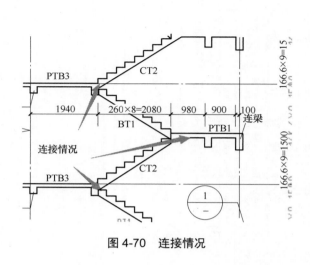

图 4-70　连接情况

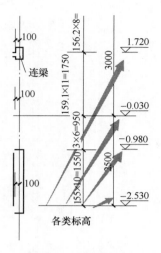

图 4-71　各类标高

4.4　某多层住宅安装部分识图

4.4.1　电气施工图

1. 电气施工图的识读

1)　设计说明

设计说明一般是一套电气施工图的第一张图纸，主要包括工程概况、设计依据、设计范围、供配电设计、照明设计、线路敷设、设备安装、防雷接地、弱电系统、施工注意事项。

2)　电气施工图的识读步骤

(1)　熟悉电气图例符号，弄清楚图例、符号所代表的内容。常用的电气工程图例及文字符号可参见国家颁布的电气图形符号标准。

(2)　按顺序、有针对性地进行识读。针对一套电气施工图，一般应先按以下顺序阅读，然后再对某部分内容进行重点识读，过程如下。

①　看标题栏及图纸目录，了解工程名称、项目内容、设计日期及图纸内容、数量等。

②　看设计说明，了解工程概况、设计依据等，了解图纸中未能表达清楚的各有关事项。

③　看设备材料表，了解工程中所使用的设备、材料的型号、规格和数量。

　　④ 看系统图，了解系统基本组成，主要电气设备、元件之间的连接关系及其规格、型号、参数等，掌握该系统的组成概况。

　　⑤ 看平面布置图，如照明平面图、防雷接地平面图等。了解电气设备的规格、型号、数量及线路的起始点、敷设部位、敷设方式和导线根数等。平面图的阅读可按照以下顺序进行：电源进线→总配电箱→干线→支线→分配电箱→电气设备。

　　⑥ 看控制原理图，了解系统中电气设备的电气自动控制原理，以指导设备安装调试工作。

　　⑦ 看安装接线图，了解电气设备的布置与接线。

　　⑧ 看安装大样图，了解电气设备的具体安装方法、安装部件的具体尺寸等。

　　(3) 抓住电气施工图要点进行识读。在识图时应抓住以下要点进行识读。

　　① 在明确负荷等级的基础上，了解供电电源的来源、引入方式及路数。

　　② 了解电源的进户方式是由室外低压架空引入还是电缆直埋引入。

　　③ 明确各配电回路的相序、路径、管线敷设部位、敷设方式以及导线的型号和根数。

　　④ 明确电气设备、器件的平面安装位置。

　　(4) 结合土建施工图进行识读。电气施工与土建施工结合得非常紧密，施工中常常涉及各工种之间的配合问题。电气施工平面图只反映电气设备的平面布置情况，结合土建施工图的识读还可以了解电气设备的立体布设情况。

　　(5) 识读时，施工图中各图纸应协调配合识读。对于具体工程，为说明配电关系时需要有配电系统图；为说明电气设备、器件的具体安装位置时需要有平面布置图；为说明设备工作原理时需要有控制原理图；为表示元件连接关系时需要有安装接线图；为说明设备、材料的特性、参数时需要有设备材料表等。这些图纸各自的用途不同，但相互之间是有联系并协调一致的。在识读时应根据需要，将各图纸结合起来识读，以达到对整个工程或分部项目全面了解的目的。

　　识读一套电气施工图，应首先仔细阅读设计说明，通过阅读可以了解到工程的概况、施工所涉及的内容、设计的依据、施工中的注意事项以及在图纸中未能表达清楚的事宜。

　　2. 识读实例

　　图 4-72 和图 4-73 所示为某照明平面图，从图中可以了解以下内容。

　　1) 照明工程配电系统

　　(1) 本工程均为三级负荷，其用电负荷为 162kW。

　　(2) 供电电源及供电方式。两路电源均采用交流 220/380V 低压电源，从小区变电所分别埋地引来，引至各单元电表箱。本工程采用放射式供电。

　　(3) 住宅用电指标。根据住宅设计规范，本工程住宅均按单相进线考虑，用电标准为一般住宅一至五层每户 6kW，共 20 户；六层带阁楼层每户 9kW；共 4 户。

(4) 照明配电。照明、插座、空调均由不同的支路供电；除照明外，住宅每户普通插座及壁挂空调插座回路均设一个漏电断路器保护。

2) 设备安装

(1) 单元总电表箱采用非标箱底边距地 1.1m，嵌墙暗装；住户配电箱底边距地 1.8m，嵌墙暗装。

(2) 卧室、客厅、餐厅普通插座暗装底边距地 0.3m(图中标明的除外)；卫生间内插座选用防潮、防溅型面板，有淋浴、浴缸的卫生间内插座须设在 2 区以外；客厅柜式空调插座暗装底边距地 0.3m，其余空调插座暗装底边距地 1.8m。

序号	图型符号	名 称	规 格	安装说明	备 注
01	▭	电度表箱		箱底距地1.1m暗装	
02	▬	照明配电箱		箱底距地1.8m暗装	
03	MEB	总等电位端子箱		详见图中标注	
04	LEB	局部等电位端子箱		详见图中标注	
05	○	裸灯座	用户自定	吸顶式C	厨房卫生间为瓷质灯口
06	⊗	花灯	用户自定	吊装式DS	
07	⊗	声光控吸顶灯	1×25W	吸顶式C	
08	✕	墙上座灯	1×25W	壁装式W，门上100mm	
09	◯	壁灯	1×25W	壁装式W，距楼梯踏步2.2米安装	
10	▽	普通插座	250V/10A	距地0.3m暗装，地下室距地1.5m	安全型单相五孔插座
11	▽	普通插座	250V/10A	距地1.5m暗装	安全型单相五孔插座，带防溅盒，密闭
12	▽	厨房电炊具插座(带开关)	250V/10A	距地1.5m暗装	安全型单相五孔插座，带防溅盒，密闭
13	▽	冰箱插座	250V/10A	距地0.3m暗装	安全型单相三孔插座，带防溅盒，密闭
14	▽	燃气热水器插座	250V/16A	距地1.8m暗装	安全型单相三孔插座，带防溅盒，密闭
15	▽	电热水器插座	250V/10A	距地2.3m暗装	安全型单相三孔插座，带防溅盒，密闭
16	▽	抽油烟机插座	250V/10A	距地1.8m暗装	安全型单相三孔插座，带防溅盒，密闭
17	▽	洗衣机插座(带开关)	250V/10A	距地1.5m暗装	安全型单相三孔插座，带防溅盒，密闭
18	▽	空调插座	250V/16A	距地1.8m暗装	安全型单相三孔插座
19	▽	低位空调插座	250V/16A	距地0.3m暗装	安全型单相三孔插座，客厅用
20	⚲	单控单联照明开关	250V/10A	距地1.3m暗装	
21	⚲	单控双联照明开关	250V/10A	距地1.3m暗装	
22	⚲	单控三联照明开关	250V/10A	距地1.3m暗装	
23	⚲	声光控照明开关	250V/10A	距地1.3m暗装	
24	⚲	单联双控照明开关	250V/10A	距地1.3m暗装	
25		YJV22-0.6/1kV	4×35		
26		BV-450/750V	线径2.5,4,10		
27	⫽	电线引上 引下			
28	⫽	电线由上 由下引来			
29	PC	穿硬塑料管敷设			重型，阻燃
30	SC	穿焊接钢管敷设			
31	MR	穿金属线槽敷设			
32	WC(CC,FC)	沿墙(顶板，地板)内暗敷			

图 4-72 电气图例

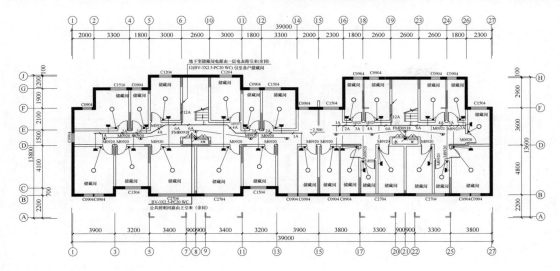

注:1. 除注明外,图中所有照明、插座回路均为三根线。
2. 灯具均按□类灯具进行设计,均配有接地端子,均应接PE线,要求其灯具外露可导电部分均可靠接地。
3. "nA(n=1~12)"指 n(BV-3X2.5-PC20 WC)。

地下室照明平面图 1:100

图 4-73　地下室照明平面图

(3) 住户内照明灯具均只预留灯座,住户根据各自需要自行确定灯具样式,所有灯具及光源建议采用高效灯具和高效节能灯。

(4) 开关均距地 1.3m,暗装,如图 4-74 所示。

单控单联照明开关	250V/10A	距地 1.3m 暗装
单控双联照明开关	250V/10A	距地 1.3m 暗装
单控三联照明开关	250V/10A	距地 1.3m 暗装
声光控照明开关	250V/10A	距地 1.3m 暗装
单联双控照明开关	250V/10A	距地 1.3m 暗装

图 4-74　开关

3. 照明平面图

照明平面图如图 4-75 和图 4-76 所示。

(1) 地下室照明平面图中共有 24 个裸灯座、普通插座、单控单联照明开关。

(2) 在一层照明平面图和二至五层照明平面图中,采用以下形式。

① 室外电源进线选用电压等级为 1kV 的 YJV22 型电缆,进建筑物穿钢管,如图 4-77 所示。

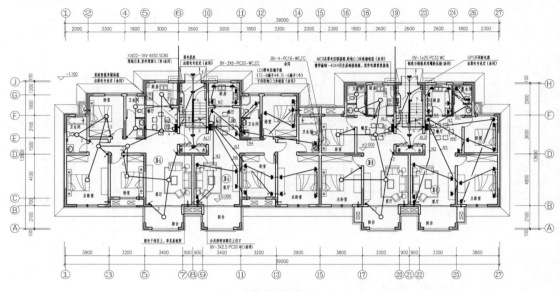

<u>一层照明平面图</u> 1:100

图 4-75　一层照明平面图

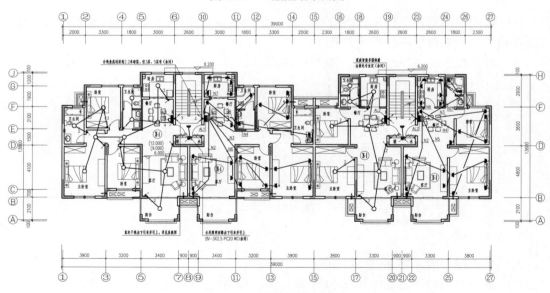

<u>二至五层照明平面图</u> 1:100

图 4-76　二至五层照明平面图

② 住宅入户线选用 BV-500V 聚氯乙烯绝缘铜芯导线，均穿 PC(重型)管沿墙暗敷。照明支线选用 BV-500V 聚氯乙烯绝缘铜芯导线，均穿 PC(重型)管沿墙及楼板暗敷，如图 4-78 所示。

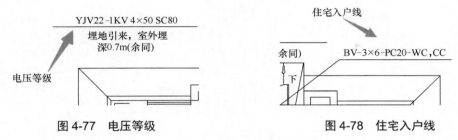

图 4-77　电压等级　　　　　　　　　　图 4-78　住宅入户线

③ BV-3×2.5，PC20-WC 表示线路是塑料绝缘铜芯线，3 根直径为 2.5mm，PC20 是指套管为 PVC、管径为 20mm 的电线管，WC 指暗敷在墙内。另外，FC 指暗敷在地面，CC 指暗敷在屋面或顶板内，其余类同。

④ YJV22-1kV，4×50，SC80：YJV22 为全塑交联铠装电力电缆，YJV 为全塑交联电力电缆，1kV 为电压，4×50 为 4 股电线，SC80 为 80mm 的普通焊管(俗称黑铁管)，FC/WC 为埋地暗敷/沿墙暗敷。与 C 对应的是 E，表示明敷。

4.4.2 给水排水施工图

1. 识读方法

建筑给排水施工图一般由图纸目录、设计施工说明、图例、主要设备材料表、平面图、系统图(轴测图)、施工详图等组成，如图 4-79 和图 4-80 所示。

图纸目录

序号	图号	名称	规格	备注
11	″　　-11	生活排水系统图　雨水排水系统图	1	
10	″　　-10	给水系统图 标准层水暖井预留孔洞布置图	1	
9	″　　-9	标准层给水排水大样图	1	
8	″　　-8	屋顶给水排水平面布置图	1	
7	″　　-7	阁楼层给水排水平面布置图	1	
6	″　　-6	六层给水排水平面布置图	1	
5	″　　-5	三、五层给水排水平面布置图	1	
4	″　　-4	二层给水排水平面布置图	1	
3	″　　-3	一层给水排水平面布置图	1	
2	″　　-2	半地下室给水排水平面布置图	1	
1	91437-341-14-1	给水排水设计总说明　图例　设备及主要材料表　图纸目录	1	
序号	图号	名称	规格	备注

图 4-79　图纸目录

图 例

图 例	名 称	图 例	名 称	图 例	名 称
——J— ◦JL–	市政直供水管	⊠	球阀	⇧	雨水斗
——J1—	二次加压给水管	⊥	角阀	↑	通气帽
——R—	太阳能水管	▽ ⊙	清扫口	⊞ 涤	洗涤盆
——W— ◦WL–	污水横管及立管	⌐⌐	P形存水弯 S形存水弯	▭ 浴	浴盆
——Y— ◦YL–	雨水横管及立管	⊢	检查口管	◁ 坐	坐便器
◦ 淋浴	淋浴器	◎ ▽	普通地漏	◉ 脸	洗脸盆
	洗衣机专用龙头	◎ ▽	洗衣机专用地漏	▢ ▢	洗衣机 淋浴房
——▥——	伸缩节	RL-X-6	六层西户太阳能水管	JL-X(D)-5	五层西(东)户给水管

图 4-80 图例

施工图的主要图样是平面图和系统图，在识读过程中应将平面图和系统图对照着看，互相弥补对系统反映的不足部分。必要时应借助详图、标准图集的帮助。具体识读方法如下。

(1) 首先，弄清楚图纸中的方向和该建筑在总平面图上的位置。

(2) 看图时先看设计说明，明确设计要求，如图 4-81 所示。

给水排水设计总说明

(一)设计依据：
 1.《建筑给水排水设计规范》
 (GB50015–2003)
 2.《住宅设计规范》(GB50368–2005)
 3.《建筑设计防火规范》(GB50016–2006)
 ＊.建筑专业提供的相关资料及甲方对本专业要求。
(二)设计说明

总说明

图 4-81 设计总说明(局部)

(3) 给水排水施工图所表示的设备和管道一般采用统一的图例，在识读图纸前应查阅和掌握有关的图例，了解图例代表的内容。

(4) 给水排水管道纵横交叉，平面图难以表明其空间走向，一般采用系统图表明各层管道的空间关系及走向，识读时应将系统图和平面图对照识读，以了解系统全貌。

(5) 给水系统可以从管道入户起顺着管道的水流方向，经干管、立管、横管、支管到用水设备，将平面图和系统图对应着读一遍，弄清管道的方向、分支位置以及各段管道的管径、标高、坡度、坡向、管道上的阀门及配水龙头的位置和种类、管道的材质等。

(6) 排水系统可从卫生器具开始，沿水流方向，经支管、横管、立管，一直查看到排出管。弄清管道的方向、管道汇合位置，各管段的管径、标高、坡度、坡向、检查口、清扫口、地漏位置及风帽形式等。同时，注意图纸上表示的管路系统有无排列过于紧密、用标准管件无法连接的情况等。

(7) 结合平面图、系统图及说明看详图，了解卫生器具的类型、安装形式、设备规格型号、配管形式等，搞清楚系统的详细构造及施工的具体要求。

(8) 识读图纸中应注意预留孔洞、预埋件、管沟等的位置及对土木建筑的要求，查看有关的土木建筑施工图纸，以便施工中加以配合。

2. 识读实例

(1) 室内给水排水平面图的识读。

以某多层住宅剪力墙项目为例，图 4-82 所示为标准层给水排水大样图，图中图例见表 4-2。

表 4-2　图例

图　例	名　称	图　例	名　称
—— J —— ◯ JL-	市政直供水管	✕	球阀
—— J1 ——	二次加压给水管	⊢	角阀
—— R ——	太阳能水管	⊤　▢	清扫口
- - W - - - ◯ WL-	污水横管及立管	⌐　⌒	P 形存水弯 S 形存水弯
—— Y —— ◯ YL-	雨水横管及立管	⊢	检查口管
◯ ┐ 淋浴	淋浴器	⬚　⏚	普通地漏
	洗衣机专用龙头	◎　⏚	洗衣机专用地漏
∿	伸缩节	RL-X-6	六层西户太阳能水管
⌓	雨水斗	🚽 坐	坐便器
↑	通气帽	▭ 脸	洗脸盆
▦ 涤	洗涤盆	▢　◸	洗衣机淋浴房
▭ 浴	浴盆	JL-X(D)-5	五层西(东)户给水管

设计说明如下。

① 本工程为某多层住宅剪力墙项目，共 6 层，其中建筑第六层带阁楼层。建筑高度为 19.300m，该建筑属普通多层住宅。室外地坪的相对标高为 1.10m。

② 本建筑给水 1~6 层直接由市政管网供给(太阳能设于屋顶，市政水压若不足 0.30MPa 需二次加压给水)，共 24 户，最高日用水量为 15.36t，最大时用水量为 1.6t，最高日排水量为 13.82t。

③ 本专业设计包括单体室内生活给水、排水管道系统和阳台雨排水系统。

④ 本住宅各户太阳能热水器采用单机一体式，均设于屋顶，水箱进水管设液压水位控制阀，热水由太阳能热水器供至室内公用卫生间。

(2) 室内给水排水系统图的识图。

标准层给排水内容识图步骤如下。

① 从①轴向㉗轴的方向开始读取，①轴与Ｆ轴的交点附近 WL-A3，WL 代表污水立管，A3 是管道标号，用于区分同类型管道，污水管分别连接马桶、洗脸台、浴缸，如图 4-83 所示。

② ②轴与Ｆ轴的交点 YdL-3，YdL 代表圆地漏，3 表示区分同类型地漏，地漏是地面与排水管道系统连接的排水器具。De110 代表地漏塑料管外径的尺寸。YyL 代表阳台雨水立管，使用 De75 的塑料管外径尺寸，如图 4-84 所示。

③ ④轴与Ｅ轴附近垫层内敷设塑料管外径尺寸为 De25 的给水管，连接卫生间与厨房的用水设施，如图 4-85 所示。

④ ⑤轴与Ｇ轴交汇点处，WL-A2 为污水立管，连接马桶和洗脸台的污水口。

⑤ ⑤轴与Ｅ轴交点附近，垫层内敷设管外径尺寸为 De20 的太阳能水管，与厕所内淋浴、水龙头相连。

⑥ ⑤轴与Ｃ轴交点处 YdL 代表圆地漏，1 表示区分同类型地漏，地漏是地面与排水管道系统连接的排水器具。De110 代表地漏塑料管外径的尺寸。

⑦ ⑤轴与Ｂ轴交点处 YyL 代表阳台雨水立管，使用 De75 的塑料管外径尺寸。

⑧ ⑥轴与Ｊ轴 WL-A1，WL 代表污水立管，A1 是管道标号，用于区分同类型管道，此处为厨房的污水立管。

⑨ ⑥轴与Ｅ轴交点处有多条管线，如 RL-X-1，RL 代表太阳能水立管，X 为西户，1 为一层，整体理解为一层西户太阳能水立管。同理可知，RL-D-1 的含义为一层东户太阳能水立管。依此类推，RL-D(X)-2 为二层东(西)户太阳能水立管。JL-X-3 的含义为 3 层西户给水管。其他的管线可以按上面的方式理解。

⑩ 8 轴Ｄ轴交点 WL-A 为污水立管，A 为区分同类型污水立管。

⑪ 10 轴Ｊ轴交点处 WL-A1′的含义为与 WL-A1 对称布置。

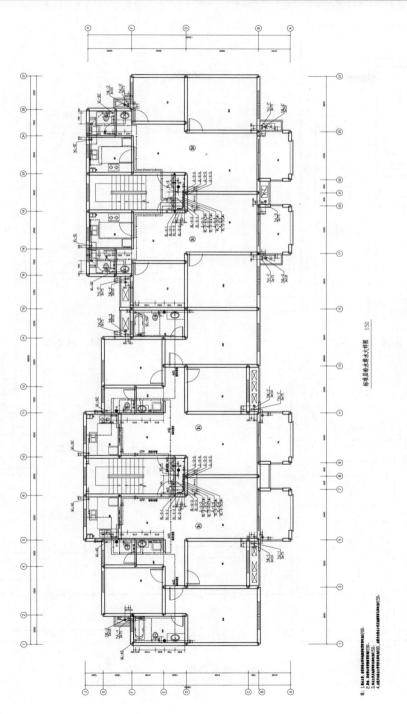

图 4-82 标准层给水排水大样图

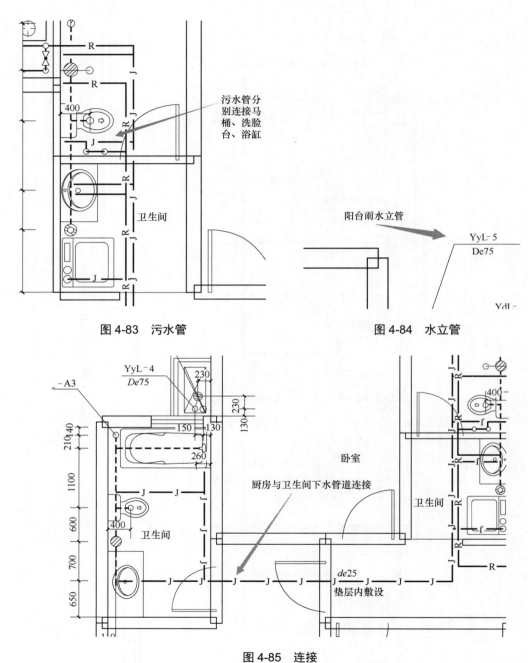

图 4-83　污水管

图 4-84　水立管

图 4-85　连接

(3) 给水系统图识图。

B 户型西户标准层给水系统图如图 4-86 所示。B 户型西户标准层给水系统图识图步骤如下。

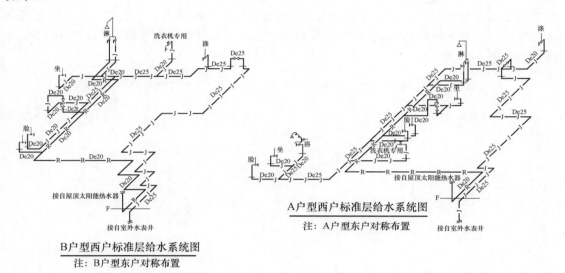

B户型西户标准层给水系统图

注：B户型东户对称布置

A户型西户标准层给水系统图

注：A户型东户对称布置

图 4-86　标准层给水系统图

① F 为标高，除立管外，所有管道都在此标高，J 给水管道接自室外水表井，使用 De25 的塑料管。沿着给水管道的走向第一个分支在系统图的上方，此处分一个立管连接洗涤盆。沿着给水管向左会分出第二条分支，此时更换为 De20 的塑料管，分出一个立管连接洗衣机，主管道继续向左会分出两条支路，同为 De20 的塑料管，一根立管连接淋浴，另一根立管连接坐便。此时主管道向下再分出两根 De20 的管道，其中一根连接洗脸台，另一根连接球阀。

② R 太阳能水管接自屋顶太阳能热水器，全段管道使用 De20 的塑料管，沿着管道向左第一个分支连接洗脸台，继续向上分出两个分支，一根连接球阀，另一根连接淋浴，如图 4-87 所示。

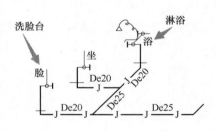

图 4-87　洗脸台、淋浴

(4) 生活排水系统图识图。

生活排水系统图如图 4-88 所示。生活排水系统图识图步骤如下。

① 因为厨房位置布局相同，洗涤台管道也是相同的，所以在系统图中每层支管都是相同的，污水管 WL-A1 除首层外，每层都有一根 De50 的塑料管从洗涤台连接至主污水管，尺寸为 De75。支管与主管道的连接点按照楼层标高向上偏移 0.25m，如楼层标高为 15m，

那么排水管支管与主管道在 15.25m 处连接，如图 4-89 所示。

② 因为卫生间布局相同，卫生洁具及排水管道也是相同的，所以每层均相同，污水管 WL-A2，尺寸为 De110 塑料管，卫生间地漏排水、洗衣机专用排水、洗脸台排水、坐便排水均连接至主排水管，管径随着连接的管道数量增多不断增大。支管与主管道的连接点按照楼层标高向下偏移 0.35m，如楼层标高为 15m，那么排水管支管与主管道在 14.65m 处连接，如图 4-90 所示。

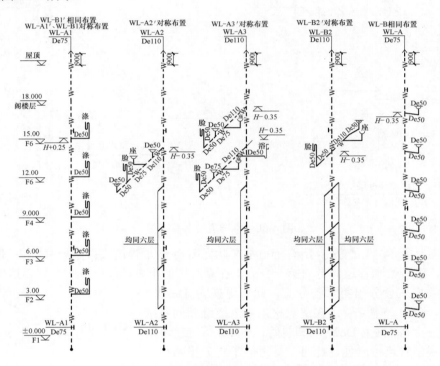

图 4-88 生活排水系统图

图 4-89 连接

图 4-90 连接

③　WL-A3 尺寸为 De110 排水管，支管为洗脸台排水，它们与地漏排水、坐便排水汇集后连接至主排水管，管径随着支管数量增多不断增大。支管与主管的连接点也按照图纸中的标高标记上下偏移。其他楼层均相同。

④　WL-B2 尺寸为 De110 排水管道，支管为洗脸台排水，它们与坐便排水、洗衣机专用排水汇集后连接至主排水管，管径随着支管数量增多不断增大。连接点向下偏移 0.35m。其他楼层均相同。

⑤　WL-B 尺寸为 De75 排水管道，支管每层的尺寸为 De50 的管道连接地漏排水至主管道，连接点向下偏移 0.35m。

(5)　雨水排水系统图识图。

雨水排水系统图如图 4-91 所示。雨水排水系统图识图步骤如下。

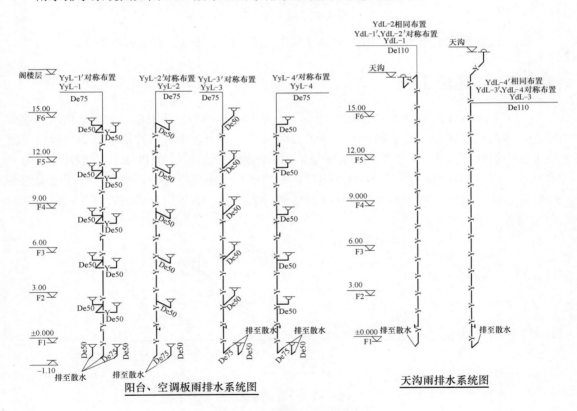

图 4-91　雨水排水系统图

①　YyL-1、YyL-2、YyL-3、YyL-4 尺寸均为 De75 排水管，支管全部为 De50 的管道连接普通地漏。汇集后的雨水由管道排至散水，如图 4-92 所示。

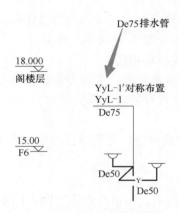

图 4-92　排水管的布置图

② 天沟排水与雨水系统相同，由雨水斗汇集的雨水通过管道排放至散水。

4.4.3 暖通施工图

一层采暖系统图如图 4-93 所示。暖通管道是一个封闭的循环管道，分热水供水和热水回水，热水从管井接出沿墙敷设，途中通过暖气片，其中每个暖气片的散热器片数以平面图上标明的数量为准，所有埋地采暖管道均采用无规共聚聚丙烯管(PP-R)。供水管经过每个暖气片，直至循环到最后一个暖气片出口，经热回水管路流回管井。采暖管道穿越墙壁和楼板处均需加装钢套管，套管管径比穿越管管径大两号，套管用焊接钢管制作，进卫生间的管道应不穿过防水层。

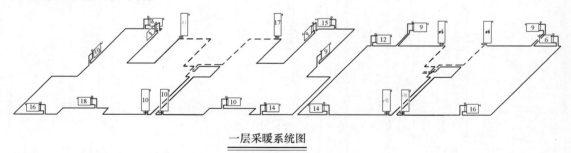

一层采暖系统图

图 4-93　一层采暖系统图

采暖立管为双管异程式系统，户内采暖系统为单管水平跨越式系统，每户入口均设热计量表，管道敷设在垫层内，每组散热器上均配自动三通温控阀和手动排气阀，采暖系统连接散热器的供回水支管，管径均为 DN20。

钢制椭圆管搭接焊散热器如图 4-94 所示。

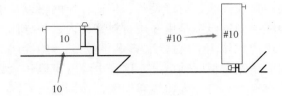

图 4-94　钢制椭圆管搭接焊散热器

#10 指高度为 1800mm 钢制椭圆管搭接焊散热器 n 片，散热器的散热量为 22W/片。
10 指高度为加 640mm 钢制椭圆管搭接焊散热器 n 片，散热器的散热量为 129W/片。

4.4.4 楼宇智能与信息施工图

楼宇智能与信息施工图包括有线电视系统、可视对讲系统等部分。
有线电视系统图如图 4-95 所示。

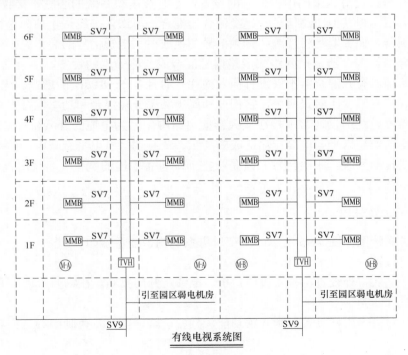

图 4-95　有线电视系统图

1. 有线电视系统图

有线电视系统主要由接收天线、前端设备、传输分配网络以及用户终端组成。室内电视线路一般使用同轴电缆。同轴电缆是用介质材料来使内、外导体之间绝缘，并且始终保持轴心重合的电缆。它由内导体(单实心导线/多芯铜绞线)、绝缘层、外导体和护套层四部分组成。现在普遍使用的是宽带型同轴电缆，这种电缆既可以传输数字信号，也可以传输模拟信号。同轴电缆按直径大小可分为粗缆和细缆，按屏蔽层不同可分为二屏蔽、四屏蔽等。按屏蔽材料和形状不同可分为铜或铝及网状、带状屏蔽。

适用于有线电视系统的国产射频同轴电缆常用的有 SYKV、SYV、SYWV(Y)、SYWLY(75Q)等型号，截面有 SYV-75-5、SYV-75-7、SYV-75-12 等。

各个子系统及常用设备如下。

(1) (接收)信号源。通常包括卫星地面站、微波站、无线接收天线、有线电视网、电视转播车、录像机、摄像机、电视电影机、字幕机、影音播放机(如 DVD)和计算机等多种播放器。一般接收其他台、站、源的开路或闭路信号。

(2) 前端设备。在有线电视广播系统中，用来处理广播电视、卫星电视和微波中继电视信号或自办节目设备送来的电视信号的设备，是有线电视系统的心脏。接收的信号经频道处理和放大后，与其他闭路信号一起经混合器混合，再送入干线传输部分进行传输。

① 调制器。调制器是将视频和音频信号变换成射频电视信号的装置。

② 混合器。混合器是把两路或多路信号混合成一路输出的设备。混合器分为无源和有源混合器两种。有源混合器不仅没有插入损耗，而且有 5～10dB 的增益。无源混合器又分为滤波器式和宽带变压器式两种，它们分别属于频率分隔混合和功率混合方式。

③ 均衡器。均衡器通常串接在放大器的电路中。因为电缆的衰减特性是随频率的升高而增加。均衡器是为平衡电缆传输造成的高频、低频端信号电平衰减不一而设置。

(3) 干线传输系统。干线传输系统是指把前端设备输出的宽带复合信号高质量地传送到用户分配系统。

2. 可视对讲系统图

可视对讲系统图如图 4-96 所示。可视对讲系统图识图步骤如下。

(1) 各户设置一个对讲分机。

(2) 在一层入口处设置可视对讲门口机、电锁及开门按钮。在物业管理中心设管理机，可接收各分机呼叫。

(3) 可视对讲户内机具备控制开锁功能，具备访客、住户及控制中心三方对讲功能。

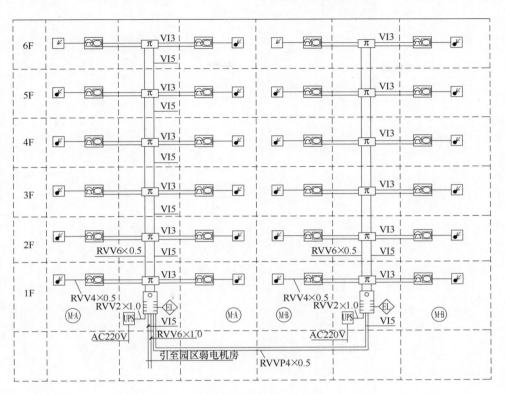

可视对讲系统图

图 4-96 可视对讲系统图

第 5 章 某县城郊区别墅现浇混凝土结构工程

5.1 图纸目录

音频 1：钢筋混凝 扩展资源 1.
土优缺点.mp3 钢筋混凝土.docx

图纸目录是了解整个建筑设计整体情况的目录，从其中可以明了图纸数量、出图大小和工程号以及建筑单位和整个建筑物的主要功能，如果图纸目录与实际图纸有出入，必须与建筑设计单位核对情况。其图纸目录如图 5-1 所示。

序　号 SERIAL No.	图纸名称 TITLE OF DRAWINGS	图　号 DRAWN No	规　格 SPECS	附　注 NOTE
1	图纸目录	GS-00	A3	
2	结构设计总说明(一)	GS-01	A1	
3	结构设计总说明(二)	GS-02	A1	
4	基础及地梁布置图	GS-03	A1	
5	柱定位及配筋图	GS-04	A1	
6	二层梁板配筋图	GS-05	A1	
7	屋顶层梁板配筋图	GS-06	A1	
8	楼梯详图	GS-07	A2	

图 5-1　图纸目录

读图时，看图纸目录和设计技术说明，通过图纸目录看各专业施工图纸有多少张，图纸是否齐全；看设计技术说明，对工程在设计和施工要求方面有一概括了解。依照图纸顺序对整套图纸按先后顺序通读一遍，对整个工程在头脑中形成概念，如工程的建设地点和关键部位情况，做到心中有数。分专业对照阅读，按专业次序深入仔细地阅读。先读基本图，再读详图。读图时要把有关图纸联系起来对照着读，从中了解它们之间的关系，建立起完整、准确的工程概念。再把各专业图纸(如建筑施工图与结构施工图)联系在一起对照着读，看它们在图形上和尺寸上是否衔接、构造要求是否一致。发现问题要做好读图记录，以便会同设计单位提出修改意见。

图纸目录各列、各行表示的意义如图 5-1 所示。图纸目录第 2 列为图纸名称，注有结构设计总说明、基础及地梁布置图等字样，表示每张图纸的具体名称；第 3 列为图号，注有01、02 等字样，表示结构施工图的第 1 张、第 2 张等；第 4 列为规格，注有 A3、A1 等表示图纸的图幅大小。该套图纸共有结构施工图 7 张。

5.2　某别墅建筑施工图识图

5.2.1　建筑平面图

建筑平面图又可简称为平面图，是将新建建筑物或构筑物的墙、门窗、楼梯、地面及内部功能布局等建筑情况，以水平投影方法和相应的图例所组成的图纸。建筑平面图是建筑施工图的基本样图，它是假想用一水平的剖切面沿门窗洞位置将房屋剖切后，对剖切面以下部分所作的水平投影图。

1．一层平面图

某县城郊区别墅一层平面图如图 5-2 所示，某县城郊区别墅一层三维图如图 5-3 所示。

一层平面图是建筑施工图中最重要的图纸，表示建筑底层的布置情况。在底层平面图还需反映室外可见的台阶、散水、花台、花池等。此外，还应标注剖切符号及指北针。下面以如图 5-2 所示的某县城郊区别墅一层平面图为例，介绍一层平面图的主要内容。

(1) 了解平面图的图名、比例。从图中可知该图为一层平面图，比例为 1∶100。

(2) 了解建筑的朝向。从指北针得知，该别墅住宅楼坐北朝南。

(3) 了解建筑的平面布置。该别墅住宅楼横向定位轴线 8 根，纵向定位轴线 8 根，其横向定位轴线有①～⑧8 根轴线，纵向定位轴线有Ⓐ～Ⓗ8 根轴线，房屋短边的轴线长度叫开间，一般是建筑物横向定位轴线之间的距离，如①～③轴之间为 6300mm，⑤～⑦轴之间为 3900mm，房屋长边方向的轴线长度叫进深，一般为建筑物纵向定位轴线之间的距离。如Ⓑ～Ⓒ之间为 4800mm，从图中还可以看出，柱子采用 T 型、L 型等异型柱形式，如图 5-4和图 5-5 所示。墙体中，直接和室外相接的墙体叫外墙，外墙厚度为 200mm，不与室外相接的叫内墙，内墙厚度为 200mm。

(4) 了解房间的布置、用途及交通联系。中面布置是平面图的主要内容，着重表达各种用途，房间与过道、楼梯、卫生间的关系，房间用墙体分隔。从该图可以看出，共有 6个房间、一个车库、一个卧室、两个客厅、一间厨房、两个卫生间、一个阳台(凹阳台)、一个楼梯间。

(5) 了解建筑平面图上的尺寸。建筑平面图上标注的尺寸均为未经装饰的结构表面尺寸。了解平面图所注的各种尺寸，并通过这些尺寸了解房屋的占地面积、建筑面积、房间的使用面积，平均面积利用系数 K。建筑占地面积为首层外墙外边线所包围的面积，如该建筑占地面积为 242.94m^2。

使用面积是指建筑物各层平面布置中可直接为生产或生活使用的净面积总和。

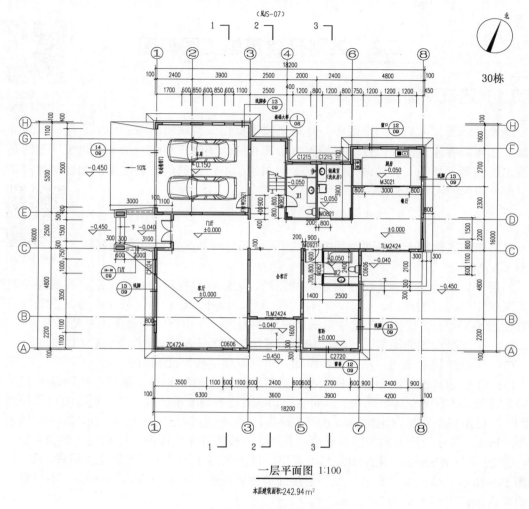

一层平面图 1:100

本层建筑面积:242.94 m²

图 5-2 一层平面图

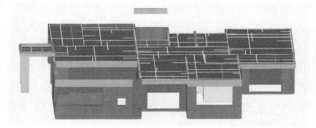

图 5-3 一层三维图

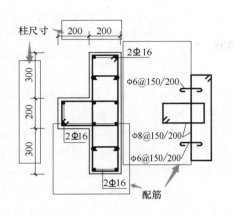

图 5-4　T 型柱

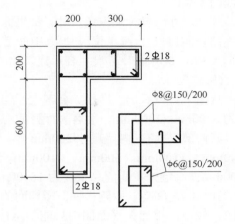

图 5-5　L 型柱

建筑面积是指各层建筑外墙结构的外围水平面积之和，包括使用面积、辅助面积和结构面积。平面面积利用系数 K=使用面积/建筑面积×100%。

(6) 了解门窗的布置、数量、开启方向及型号。在平面图中，只能反映出门、窗的平面位置、洞口宽度及与轴线的关系，而无法表示门窗在高度方向的尺度。在施工图中，门用代号"M"表示，窗用代号"C"表示。门窗的高度尺寸在立面图、剖面图或门窗表中查找，门窗的形状、门窗分隔尺寸需查找相应的详图或门窗小样图。如 M1524 表示门宽1500mm、高 2400mm，如图 5-6 所示；ZC4724 表示双层中空铝合金窗宽 4700mm、高 2400mm；TLM2424 表示推拉门宽 2400mm、高 2400mm；C1215 表示窗宽 1200mm、高 1500mm。

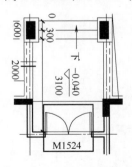

图 5-6　M1524 的示意图

(7) 建筑平面图上的尺寸。尺寸分为内部尺寸和外部尺寸。主要反映建筑物中门窗的平面位置及墙厚、房间的开间进深大小、建筑的总长和总宽等。

内部尺寸一般用一道尺寸线表示墙与轴线的关系、房间的净长、净宽以及内墙门窗与轴线的关系。

外部尺寸一般标注三道尺寸。最里面一道尺寸表示外墙门窗大小及与轴线的平面关系，也称门窗洞口尺寸(属定位尺寸)。中间道尺寸表示轴线尺寸，即房间的开间与进深尺寸(属定形尺寸)，最外面一道尺寸表示建筑物的总长、总宽，即从一端外墙皮到另一端外墙皮的尺寸(属总尺寸)。

从图中可以看出，客厅、会客大厅、门厅的平面形状均为长方形，客厅开间×进深的尺寸为6300mm×7000mm，会客大厅开间×进深的尺寸为3600mm×7000mm 等。

其内部尺寸有：内墙尺寸200mm 等。其外部尺寸如：①～③轴线间客房尺寸有3500mm、2040mm、1100mm、600mm、1100mm 五个细部尺寸；①～③轴线间客房的轴线尺寸为6300mm；线墙外皮间的总长度为18400mm；Ⓐ～Ⓗ轴线墙外皮间的总宽度为16200mm。

③～④之间有一双跑楼梯。楼梯间的开间×进深的尺寸为2500mm×5200mm。建筑平面图比例较小，楼梯在平面图中只能示意楼梯的投影情况，楼梯的制作、安装详图详见楼梯详图或标准图集。在平面图中，表示的是楼梯设在建筑中的平面位置、开间和进深大小以及楼梯的上下方向及上一层楼的步数。

在建筑工程中，各部位的高度都用标高来表示。除总平面图外，施工图中所标注的标高均为相对标高。如在首层平面图中，首层地面的标高为±0.000，但卫生间处标高均下降20mm，为-0.020m，这一点在首层平面图中仅以卫生间处的门口线示意，只能在卫生间平面详图中查到标高的标注。

(8) 房屋的朝向及剖面图的剖切位置如图5-7 所示。建筑物的朝向在首层平面图中用指北针表示，如图5-8 所示。建筑物主要入口在哪面墙上，就称建筑物朝哪个方向。如图5-2 一层平面图所示，指北针朝东北方向，建筑物的主要入口朝向东南，说明该建筑为坐北朝南。

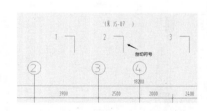

图 5-7　剖切位置示意图

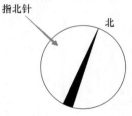

图 5-8　指北针示意图

某县城郊区别墅的1—1 剖切位置在②、③轴线间、2—2 剖切位置在③、④轴线间、3—3 剖切位置在④、⑥轴线间。

2. 二层平面图

二层平面图通常也是标准层平面，二层平面中的大部分内容在底层平面图中都已出现。阅读二层平面图时应重点查看房间是否有合并、分隔的情况，即墙体是否有变化。另外，柱子、门窗、标高等也是重点查看的对象。某县城郊区别墅的二层平面图如图 5-9 所示，该别墅共有三层。

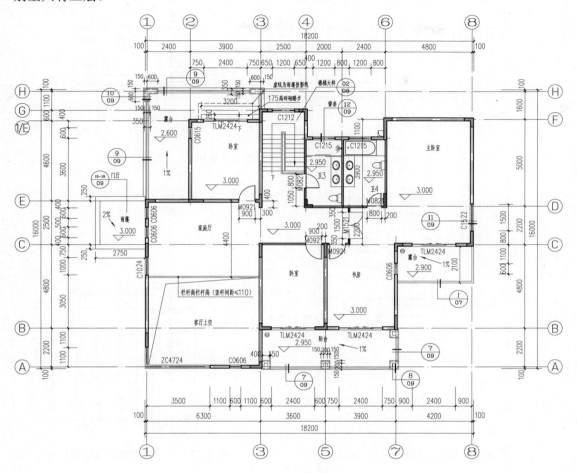

图 5-9　二层平面图

图 5-9 所示为二层平面图，同样是用 1∶100 的比例绘制。与首层平面图相比，减去了室外的附属设施——台阶及指北针。屋内布置有家庭厅、卧室、书房和卫生间，还有两个露台、一个阳台。过厅、卧室、书房的标高为 3.000m，称二层楼面标高。阳台的标高为 2.957m，比楼面标高低 43mm，卫生间的标高是 2.950m，比楼面标高低 50mm。阳台处有索引符号，如图 5-10 所示，表示索引剖面详图，该详图编号为 7，画在图号为 09 的图纸上，详细地表达该阳台栏板的尺寸、构造及其做法，如图 5-11 所示。楼梯的表示方法与首层不同，不仅画出本层"上"的部分楼梯踏步，还将本层"下"的部分楼梯踏步画出，如图 5-12 所示。

二层楼面的标高为 3.000m，表示该楼层与首层地面的相对标高，即首层高度为 3m，如图 5-10 所示。其他图示内容与首层平面图相同。

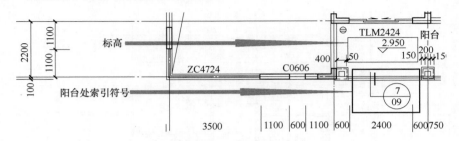

图 5-10　标高、阳台处索引示意图

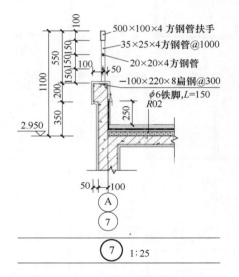

图 5-11　阳台栏板的尺寸、构造

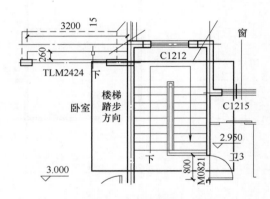

图 5-12　部分楼梯踏步示意图

3. 屋顶层平面图

屋顶层平面图一般处于建筑物楼层的最顶层，故称为屋顶层。建筑的屋顶平面就是屋面的平面图，图中示出屋面上所有部件的平面投影及其相互位置关系，注出必要点的标高。如上人平屋面的梯间平面、女儿墙、烟囱、水箱、透气管道、凉棚、花架，雨水系统的排水方向及坡度、天沟、雨水口等和伸缩缝、泛水及必要的大样。坡屋面的平面图上画出檐沟、烟囱、透气管道、屋脊、分水线、汇水线等。

在图纸中可以看到的信息有屋面布置、屋面标高、屋面分水线、屋面变形缝宽度、机房层位置、玻璃栏板及女儿墙布置等。郊区别墅的屋顶层平面图如图 5-13 所示，还是用 1∶100

的比例绘制。屋顶层平面图比较简单，也可以用 1：200 的比例绘制。屋顶层的东西两侧标高均为 6.450m，中间的标高为 7.435m，高差为 0.985m，表明是坡屋面。屋面排水坡度为 22.5%。③～④之间有分水线和汇水线。

扩展图片 1.屋面层
三维图.docx

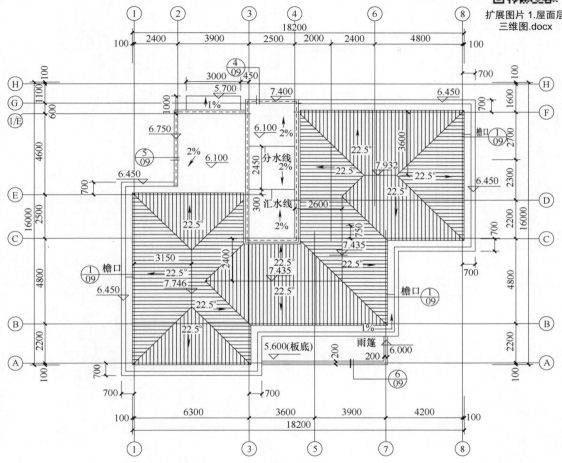

图 5-13　屋顶层平面图

4. 门窗表

门窗表如图 5-14 所示，列出了本例别墅全部门窗的设计编号、洞口尺寸、数量、位置、名称和备注等，是工程预算、订货和加工的重要资料。例如，编号为 M1524 的入户门，门洞尺寸为宽 1500mm×高 2400mm 共 1 个，由专业厂家定做、安装。编号为 TLM2424 的会客厅、餐厅的推拉门，门洞口尺寸为宽 2400mm×高 2400mm 共 6 个。编号为 C0615 的卧室铝合金玻璃窗，窗洞口尺寸为宽 600mm×高 1500mm 共 1 个。编号为 C0606 的客厅、卫生间、家庭厅、书房铝合金玻璃窗，窗洞口尺寸为宽600mm×高1500mm共10个。

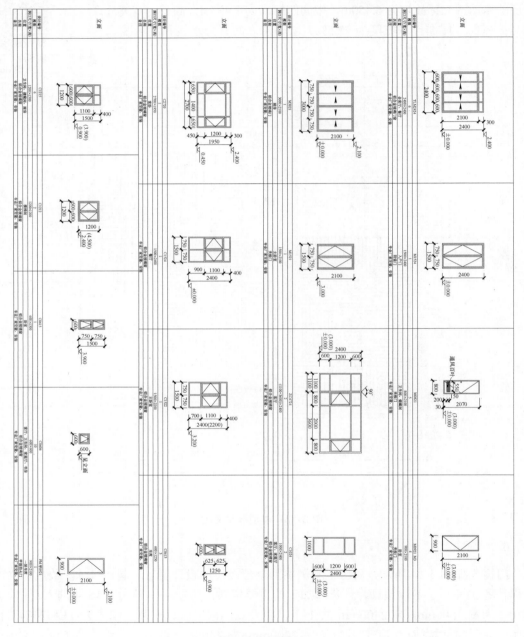

图5-14 门窗表

5. 楼梯平面详图

楼梯平面详图的形成同建筑平面图一样，楼梯平面详图实际上就是建筑平面图中楼梯部分局部放大。如图 5-15 所示，图中楼梯平面详图是采用 1：50 比例绘制。

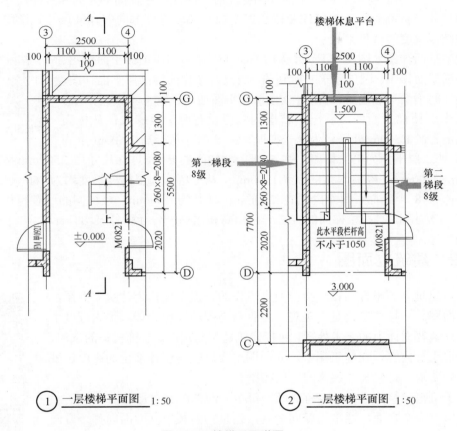

<table>
<tr><td>① 一层楼梯平面图 <u>1:50</u></td><td>② 二层楼梯平面图 <u>1:50</u></td></tr>
</table>

图 5-15　楼梯平面详图

楼梯平面详图通常要分别画出底层平面图、屋顶层平面图和中间各层的楼梯平面详图。如果中间各层的楼梯位置、楼梯数量、踏步数、梯段长度都完全相同，可以只画一个中间层楼梯平面图，这个相同的中间层楼梯平面详图称为标准层楼梯平面详图。在标准层楼梯平面详图中的楼层平台和中间休息平台上标注各层楼面及平台相应标高，次序应由下而上逐一注写。

楼梯平面详图主要表明梯段的长度和宽度、上行或下行的方向、踏步数和踏面宽度、楼梯休息平台的宽度、栏杆扶手的位置以及其他一些平面形状。

楼梯平面详图中，梯段的上行或下行方向都是以各层楼地面为基准标注的。向上称为上行，向下称为下行，并用长线箭头和文字在梯段上注明上行、下行的方向。

楼梯平面详图中，楼梯段被水平剖切后，为了避免其剖切线与各级踏步相混淆，剖切处规定画 45°折断符号。进行平面详图标注时，除注明楼梯间的开间和进深尺寸、楼面和平台的尺寸及标高外，还要标注梯段长度方向和梯段宽度方向的详细尺寸。梯段长度用踏步数与踏步宽度的乘积来表示。

楼梯平面详图如图 5-15 所示，楼梯平面详图包括一层楼梯平面详图、二层楼梯平面详图。因该建筑二层到顶，故没有楼梯间标准层平面详图，每层楼梯间平面详图均单独画出；该楼梯间平面适用于③～④轴、ⓒ～ⓖ轴；从本例楼梯平面图可看出，首层到二层设有两个楼梯段：从标高±0.000m 上到 1.500m 处平台为第一梯段，共 8 级；从标高 1.500m 上到

扩展图片 2.楼梯.docx

3.000m 处二层平面为第二梯段，共 8 级。楼梯间的开间×进深尺寸为 2500mm×5550mm、2500mm×7700mm。楼梯休息平台宽 1300mm，从一层至二层梯段长度均为 260×8=2080mm，表示楼梯有 8 个踏面，每个踏面宽 260mm；梯井为 100mm，楼梯间的门有两种，编号为M0821、FM 甲 0921；楼梯间的楼层平台标高和休息平台标高各层均有标注。

5.2.2 建筑立面图

在与建筑立面平行的铅直投影面上所作的正投影图称为建筑立面图，简称立面图。一幢建筑物是否美观、是否与周围环境相协调，很大程度上取决于建筑物立面上的艺术处理，包括建筑造型与尺度、装饰材料的选用、色彩的选用等内容。在施工图中，立面图主要反映房屋各部位的高度、外貌和装修要求，是建筑外装修的主要依据。

音频 3：建筑立面图的图示内容.mp3

由于每幢建筑的立面至少有 3 个，每个立面都应有自己的名称。

房屋有多个立面，通常用朝向命名，建筑物的某个立面面向哪个方向就称为哪个方向的立面图，如建筑物的立面面向南面，该立面称为南立面图，面向北面就称为北立面图等。按外貌特征命名将建筑物反映主要出入口或比较显著地反映外貌特征的那一面称为正立面图，其余立面图依次为背立面图、左立面图和右立面图。用建筑平面图中的首尾轴线命名或者按照观察者面向建筑物从左到右的轴线顺序命名，如①～⑧立面图或者⑧～①立面图等。图 5-16 所示为建筑立面图的投影方向和名称，其三维图如图 5-17 所示。施工图中这 3 种命名方式都可使用，但每套施工图只能采用其中的一种方式命名，不论采用哪种命名方式，第一个立面图都应反映建筑物的外貌特征。

建筑立面图.mp4

扩展图片 3.别墅立面图.docx

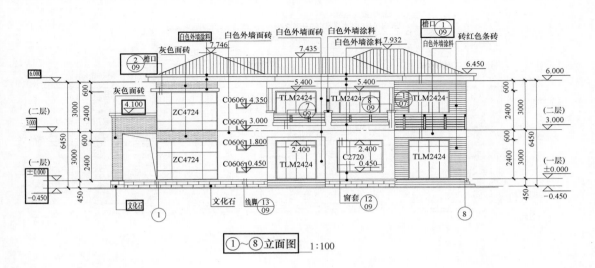

(a) 南立面图

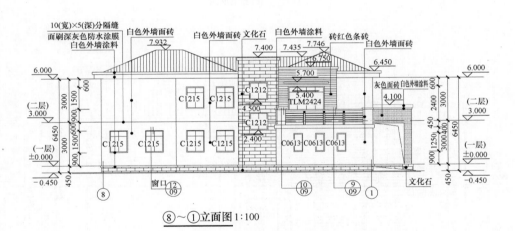

(b) 北立面图

图 5-16　建筑立面图

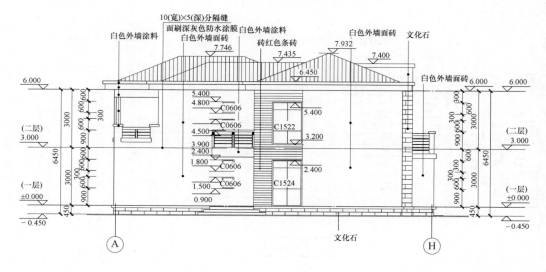

$\underset{A}{\text{A}} \sim \underset{H}{\text{H}}$ 立面图 1:100

(c) 东立面图

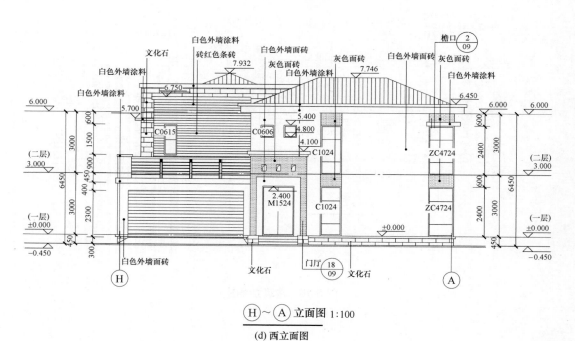

$\underset{H}{\text{H}} \sim \underset{A}{\text{A}}$ 立面图 1:100

(d) 西立面图

图 5-16　建筑立面图(续)

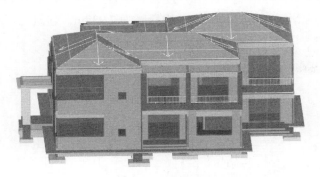

图 5-17　建筑三维图

下面以图 5-16 所示的建筑立面图为例，介绍立面图所表示的主要内容。

1. 了解图名、比例

图名：①～⑧轴立面图，就是将此建筑由南向北投影所得。比例为 1∶100 的立面图应与建筑平面图所用比例一致，以便于对照阅读。

2. 了解立面图和平面图的对应关系

对照建筑首层平面图上的定位轴线编号可知，南立面图的左端轴线编号为①，右端轴线编号为⑧，与建筑平面图相对应。

3. 了解房屋的体形和外貌特征

立面图应将立面上所有投影可见的轮廓线全部绘出，如室外地面线、勒脚、台阶、花池、门、窗、雨篷、阳台、檐口、女儿墙、外墙分格线、雨水管、出屋面的通风道、水箱间、室外楼梯等。识图时，先看总体特征，如在图 5-16 中，该建筑为两层，屋顶为坡屋顶。入口处有台阶、雨篷、雨篷柱；其他位置门洞处有阳台，利用坡屋面的坡度排除雨水。

4. 了解房屋各部分的高度尺寸及标高数值

立面图上要标注房屋外墙各主要结构的相对标高和必要尺寸，如室外地坪、台阶、窗台、门窗洞口顶端、阳台、雨篷、檐口、屋顶等完成面的标高。

(1) 竖直方向。应标注建筑物的室内外地坪、门窗洞口上下端、台阶顶面、雨篷、檐口、屋面等处的标高，并在竖直方向标注三道尺寸。里边的一道尺寸标注建筑的室内外高差、门窗洞口高度及在每层高度方向上门窗的定位；中间一道尺寸标注层高尺寸；外边一道尺寸为总高尺寸。

(2) 水平方向。水平方向一般不注尺寸，但需标出立面图最外两端墙的轴线及编号。从图中可知，室内外高差为 0.45m，首层及二层层高分别为 3.000m 和 6.000m，檐口处标高为 6.450m，如图 5-18 所示，坡屋顶顶端结构标高为 7.932m。建筑总高度为 8.382m。

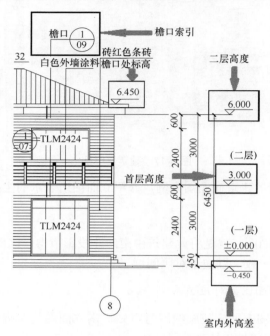

图 5-18　水平方向标注示意图

5. 了解门窗的形式、位置及数量

建筑中门窗位置、数量要对应平面图识读。门窗宽度与平面图中一致，门窗高度在立面图中有明确标注，至于门窗形式及开启方式应对照门窗表及门窗小样图等查阅。

6. 了解房屋外墙面的装修做法

立面图中要表示房屋的外檐装修情况，如屋顶、外墙面装修、室外台阶、阳台、雨篷等各部分的材料、色彩和做法。这些内容常用引出线作文字说明。在图 5-16 中，主体建筑部分有外墙做法。外墙主体装修采用白色墙面，雨篷采用灰色面砖，墙面分隔缝面刷深灰色防水涂膜。立面图上所有门窗除了洞口用粗线画出轮廓外，其余线条均是用细线画出的图例线。

7. 了解立面图中的细部构造与详图索引符号的标注

例如，在图 5-16(a) 中，檐口部分①的细部尺寸在 1∶100 的①～⑧立面图中无法表示清楚，于是以 1∶25 的比例绘成详图，如图 5-19 所示，可以看到立面图上有相应的详图索引符号。

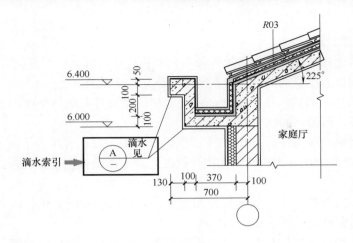

图 5-19 檐口索引详图

5.2.3 建筑剖面图

建筑剖面图简称剖面图，它是假想用一铅垂剖切面将房屋剖切开后移去靠近观察者的部分，作出剩下部分的投影图，如图 5-20 所示。

剖面图用于表示房屋内部的结构或构造方式，如屋面(楼、地面)形式、分层情况、材料、做法、高度尺寸及各部位的联系等。它与平、立面图互相配合用于计算工程量，指导各层楼板和屋面施工、门窗安装和内部装修等。

剖面图的数量是根据房屋的复杂情况和施工实际需要决定的；剖切面的位置要选择在房屋内部构造比较复杂、有代表性的部位，如门窗洞口和楼梯间等位置，并应通过门窗洞口。剖面图的图名符号应与底层平面图上剖切符号相对应。

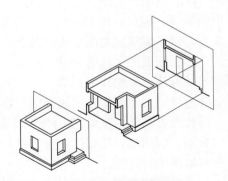

图 5-20 建筑剖面图的形成

1. 识图要点

剖面图通常选择在能显露出房屋内部结构和构造比较复杂、有变化、有代表性的部位，并应通过门窗洞口的位置剖切。识读剖面图要注意以下几点。

(1) 弄清图名、剖切位置及比例。将图名和轴线编号与底层平面图上的剖切线和轴线编号相对照，可弄清图名和剖切位置。

剖面图的比例一般为 1∶100，与平面图、立面图一致。有时为了图示清楚，也可用较大的比例画出(如 1∶50)。当用较大比例绘制时，剖面图中被剖切到的构、配件的截面一般都画上材料图例。

(2) 定位轴线与图线。与建筑立面图一样，只画出两端的定位轴线及其编号，以便与平面图对照。需要时也可以注出中间轴线。

被剖切到的墙、楼面、屋面、梁的断面轮廓线用粗实线画出。砖墙一般不画图例，钢筋混凝土的梁、楼面、屋面和柱的断面通常涂黑表示。粉刷层在 1∶100 的平面图中不必画出，当比例为 1∶50 或更大时，则要用细实线画出。室内外地坪用加粗线($1.4b$)表示。没有剖切到的可见轮廓线，如门窗洞、踢脚线、楼梯栏杆、扶手等用中实线画出(当绘制较简单的图样时，也可用细实线画出)。尺寸线与尺寸界线、图例线引出线、标高符号、雨水管等用细实线画出。定位轴线用细单点长画线画出。

(3) 剖面图与平面图有"宽相等"的关系，它们共同反映建筑物宽度方向的尺寸，凡剖到的墙体、梁、柱都应与平面图上的轴线编号相同，利用轴线，可帮助查找剖面图的所在位置。平面图与剖面图结合起来看，可了解墙体的厚度、材料，各房间长、宽、高尺寸，门窗洞口尺寸。

(4) 剖面图与平面图有"高平齐"的关系，它们共同反映建筑物的高度尺寸，两种图上的屋脊、檐口、门窗洞口、室内外地坪、楼面标高都是一致的，立面图和剖面图结合起来看，可了解房屋立面上建筑装饰(如墙面粉刷、勒脚、花纹等)的特点。

(5) 剖面图上注有尺寸和标高。尺寸标注与建筑平面图一样，包括外部尺寸标注和内部尺寸标注。外部尺寸通常为三道尺寸，最外面一道称为第一道尺寸，表明总高，表示从室外地坪到女儿墙压顶面的高度；第二道为层高尺寸，表明各层层高(指房屋下层楼面至上一层楼面的垂直高度)、室内外地坪高度差及屋面总尺寸；第三道为细部尺寸，表示勒脚、门窗洞、洞间墙、檐口等高度方向尺寸。内部尺寸用于表示室内门、窗、隔断、搁板、平台和墙裙等的高度。

标高是相对尺寸，而尺寸是绝对尺寸。标高又有建筑标高和结构标高之分，建筑标高是指各部位竣工后的上(或下)表面的标高。结构标高是指各结构构件的上皮或下皮的标高，一般在建筑施工图中只标注建筑标高，在结构施工图中标注结构标高。另外，还需要用标高符号标出室内外地坪、各层楼面、楼梯休息平台、屋面和女儿墙压顶面等处的标高。

注写尺寸与标高时，注意与建筑平面图和建筑立面图相一致。

(6) 屋顶为坡屋面时，一般用三角形，并在角边标注数字表示。

2. 图纸识读

下面以别墅住宅建筑剖面图为例，介绍剖面图所表示的主要内容。

某别墅住宅的1—1剖面图如图5-21所示，比例为1∶100，其剖切位置在②、③轴之间，对照图5-2可以发现，1—1剖面是用一个侧平面剖切所得到的，该剖切面剖切了一层的过厅、门厅、车库和二层的家庭厅和卧室。1—1剖面图中可见部分主要是车库，车库运用的是电动卷帘门。车库的标高是-0.150m，从右侧的标高可知露台和雨篷的高度，建筑物的层高为3000mm。

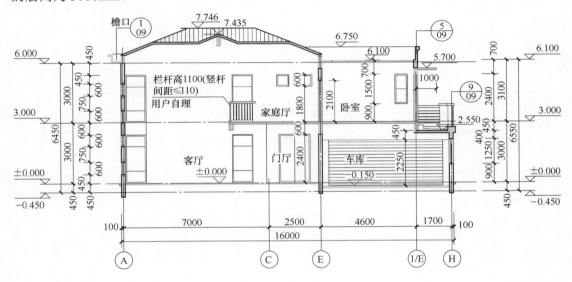

1—1剖面图 1∶100

图5-21 别墅住宅1—1剖面图

别墅住宅的2—2剖面图如图5-22所示，比例为1∶100，其剖切位置在③、④轴之间，从2—2剖面图中可以看到，窗洞共有6个，洞口顶面的标高分别为5.400m、4.500m、2.400m、1.500m、2.400m和5.400m，比相应的楼面标高低0.900m。从标高尺寸可知，住宅楼室内外高差为0.450m，首层和二层层高均为3.000m，房屋总高7.932m，屋顶为坡屋顶。楼梯为两段，双跑楼梯，第一段楼梯从一层到楼梯平台；第二段楼梯从二层楼面到楼梯平台，两端楼梯高度为1.500m，如图5-23所示。

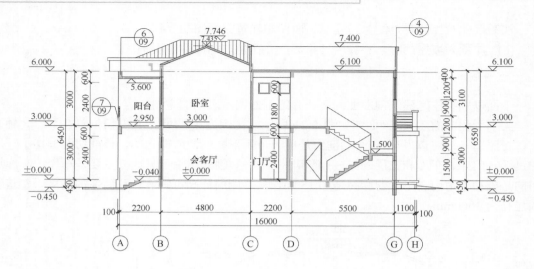

2—2 剖面图 1:100

图 5-22 别墅住宅 2—2 剖面图

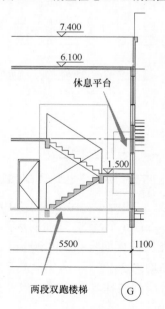

休息平台

两段双跑楼梯

图 5-23 两段双跑楼梯

别墅住宅的 3—3 剖面图如图 5-24 所示，比例为 1：100，其剖切位置在④～⑥轴之间，从 3—3 剖面图中可以看到，可见部分主要是阳台、书房、客卧、卫生间、主卧室和储藏室。阳台顶标高 5.600m，底标高 2.950m，比相应的楼面标高低 0.05m，卫生间和储藏室比相应的楼面标高同样低 0.05m。剖面图的屋檐檐口处还有一索引符号，表示屋檐断面造型另有详图。该详图的编号为 9，画在图号为 1 的建筑施工图上。

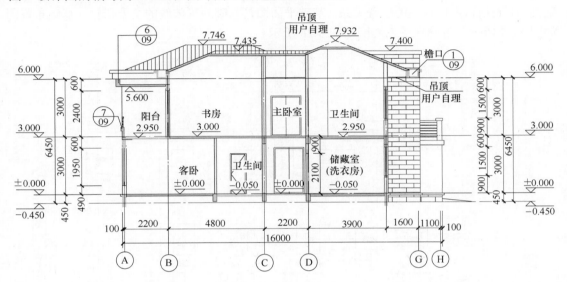

3—3剖面图 1:100

图 5-24　别墅住宅 3—3 剖面图

5.3　某别墅结构施工图识图

扩展资源 2.结构
施工图.docx

5.3.1 ▎基础及地梁布置图

基础是房屋的地下承重部分，它把房屋的各种荷载传递给地基。基础的构造形式很多，使用的材料也各不相同。基础的构造形式主要与上部的构造形式有关，如墙下多采用条形基础、柱下多采用独立基础。基础结构施工图主要包括基础平面图和基础详图。

1. 基础平面图

基础平面图是用一个假想的水平面在室内地面的位置将房屋全部切开，并将房屋的上部移去，对房屋的下部向下作正投影而形成的水平剖面图。投影时，将回填土看成透明体，被剖切到的柱子、墙体应画出断面和图例(钢筋混凝土柱涂黑)，基础的全部轮廓为可见线，应用中实线表示，但垫层省略不画。所以，基础的外围轮廓线是基础的宽度边线，不是垫层的边线。

　　基础平面图主要表示基础、基础梁的平面尺寸、编号和布置情况，也反映了基础、基础梁与墙(柱)和定位轴线的位置关系。基础平面图是基础施工放线的主要依据，基础布置图如图 5-25 所示，基础布置三维图如图 5-26 所示。

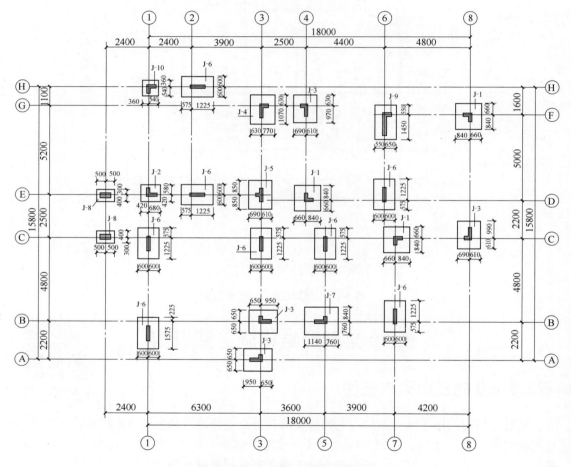

图 5-25　某别墅基础布置图

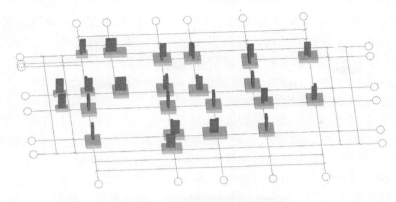

图 5-26　某别墅基础布置三维图

基础平面图包括以下内容。

(1)　图名和比例。本图的图名为"基础布置图"，比例为 1：100。

(2)　定位轴线及编号。应与建筑平面图一致。

(3)　尺寸和标高。基础平面图中的尺寸标注比较简单，在平面图的外围，通常只标注轴线间的尺寸和两端轴线间的尺寸(有时也可省略)；在内部，应详细标注基础的长度和宽度(或圆形基础的直径)及定位尺寸，尤其是异型基础和局部不同的基础。

(4)　基础、墙、柱、构造柱的水平投影。与柱、构造柱、基础梁的编号与底层平面图相比，墙的变化较大，因为门窗洞口在基础平面图中不再出现，窗洞下的墙体是连续的，门洞较小时，墙体可连续，门洞较大时，墙体断开。

柱、构造柱必须与底层平面图一致，因为这些主要竖向承重结构(构造柱不单独承重，但加固墙体并与墙体一道承重)不能悬在空中或仅在基础中设置。柱、构造柱必须涂黑，且按照一定的顺序统一编号。

基础的投影通常只画出基础底面的轮廓线、基础侧面的交线，其他的细部轮廓线如基础侧面与顶面的交线可以不画。

门洞下面由于墙体断开，影响了基础的整体性，通常用基础梁予以加固。基础梁还在多种情况下使用，如伸缩缝两侧的基础，由于没有空间扩大基础，只能将一侧的基础内缩，这时就要在内缩一侧的基础上做悬挑梁，悬挑梁上再做简支梁支承墙体。

图 5-14 所示为某别墅基础布置图，比例为 1：100，为独立基础。从图中可知，独立基础采用天然地基基础设计，等级为丙级，基础特力层为(3)粉土层，地基承载力特征值 240kPa；基础底必须置于(3)粉土层；若开挖至基底设计标高还未到持力层，应超深开挖至持力层，基础底部入深度不小于 300mm，基坑开挖后须组织验槽，若发现地质实际情况与设计不符，须通知设计及勘探单位共同研究处理。本工程基础混凝土采用 C25 垫层 C10 基础，钢筋保护层厚度为 40mm。以柱中心线为准，在中心线与轴线之间及基础柱位尺寸详见柱平面图所

注尺寸，并以平面图为准；当基础底边长度 A 或 $B \geqslant 2.5m$ 时该方向的钢筋长度可缩短 10%，并交错放置，与梁方向平行的基础底板钢筋放在下层。基础的柱子插筋位置数量直径与首层柱配筋相同，基础内稳定箍为两个，其直径同首层柱箍筋。基础施工完后应及时分层回填，回填土压实系数不小于 0.94。尺寸单位为毫米(mm)，30 栋±0.000 相当于绝对标高 +140.400；未注明基础顶标高均为 1.500。

独立基础采用列表注写方式，如图 5-27 所示。从图中可知，J-1 基础平面尺寸 A 边为 1500mm，B 边为 1500mm，基础高度 H 是 300mm，h_1 是 300mm；基础底板配筋：①为 Y 向，底板配筋是直径为 12mm 的二级钢筋，加密区间距为 200mm；②为 X 向，底板配筋为直径为 12mm 的二级钢筋，加密区间距为 200mm；J-2 基础平面尺寸 A 边为 1100mm，B 边为 1000mm，基础高度 H 是 300mm，$h1$ 是 300mm；基础底板配筋①为 Y 向底板配筋为直径 12mm 的二级钢筋，加密区间距为 200mm；②为 X 向底板配筋为直径 12mm 的二级钢筋，加密区间距为 200mm；J-3 基础平面尺寸 A 边为 1600mm，B 边为 1300mm，基础高度 H 是 300mm，h_1 是 300mm；基础底板配筋①为 Y 向底板配筋为直径 12mm 的二级钢筋，加密区间距为 200mm；②为 X 向底板配筋为直径 12mm 的二级钢筋，加密区间距为 200mm；J-4 基础平面尺寸 A 边为 1400mm，B 边为 1700mm，基础高度 H 是 300mm，h_1 是 300mm；基础底板配筋①为 Y 向底板配筋为直径 12mm 的二级钢筋，加密区间距为 200mm；②为 X 向底板配筋为直径 12mm 的二级钢筋，加密区间距为 200mm；J-5 基础平面尺寸 A 边为 1300mm，B 边为 1700mm，基础高度 H 是 300mm，h_1 是 300mm；基础底板配筋①为 Y 向底板配筋为直径 12mm 的二级钢筋，加密区间距为 200mm；②为 X 向底板配筋为直径 12mm 的二级钢筋，加密区间距为 200mm；J-6、J-7 等和 J-1 大致相同，不做介绍。

基础表

基础编号	基础类型	柱截面	基础平面尺寸				基底标高	基础高度				底板配筋		顶面配筋	
			A	A₁	B	B₁	D	H	h₁	h₂	h₃	①	②	①a	②a
J-1	I		1500		1500			300	300			Φ12@200	Φ12@200		
J-2	I		1100		1000			300	300			Φ12@200	Φ12@200		
J-3	I		1600		1300			300	300			Φ12@200	Φ12@200		
J-4	I		1400		1700			300	300			Φ12@200	Φ12@200		
J-5	I		1300		1700			300	300			Φ12@200	Φ12@200		
J-6	I		1800		1200			300	300			Φ12@200	Φ12@200		
J-7	I		1900		1600			300	300			Φ12@200	Φ12@200		
J-8	I		1000		700			300	300			Φ12@200	Φ12@200		
J-9	I		1200		2000			300	300			Φ12@200	Φ12@200		
J-10	I		900		900			300	300			Φ12@200	Φ12@200		

图 5-27　独立基础列表注写

2. 基础详图

基础平面图只表示建筑基础的整体布局，要想弄清楚基础的细部构造和具体尺寸，必须进一步阅读基础断面详图。

基础断面详图是对基础平面图中标注出的基础断面按顺序逐一绘出的详图，编号相同的只需画一个，编号不同的应分别绘制。对墙下条形基础，也可采用只画一个的简略画法。这个通用的基础断面上，各部分的标注，如尺寸、配筋等用通用符号表示，旁边列表说明各断面的具体标注。如果断面少，也可在不同部分的标注中用括号加以区别，并在相应的图名中标注同样的括号。

图 5-28 是图 5-25 独立基础的详图，除了绘出断面图外，还画出平面图。断面图清晰地反映了基础是由垫层、基础、基础柱三部分构成。基础底部为 $A \times B$ 的矩形，基础高 H，在基础底部配置了直径为 12mm 的二级钢筋，加密区间距为 200mm 的双向钢筋。基础下面用 C10 混凝土作垫层，垫层厚 100mm，每边宽出基础 100mm。

3. 地梁布置图

地梁也叫基础梁、地基梁，简单地说就是基础上的梁。一般用于框架结构和框—剪结构中，框架柱落在地梁或地梁的交叉处，其主要作用是支撑上部结构，并将上部结构的荷载传递到地基上。

地梁布置图如图 5-30 所示，从图中可以看出，基础梁的配筋图采用集中标注的方法，基础梁的配筋图有 KL1、KL2、KL3、KL4、KL5、KL6、KL7、KL8、KL9、KL10、KL11、KL12、KL13、KL14、KL15、KL16、KL17 和 L1、L2、L3、L4、L5、L6、L7、折梁等配筋情况及具体尺寸。

例如，KL1 配筋图，表示 1 号框架梁 1 跨，梁截面宽度是 200mm，截面高度是 300mm；箍筋是直径为 8mm 的一级钢筋，分布间距 150mm，双肢箍；下部钢筋是两根直径为 14mm 的二级钢筋，上部是两根直径为 14mm 的二级钢筋，梁顶标高是-0.500m，如图 5-29 所示。KL2 配筋图，表示 2 号框架梁 3 跨，一端有悬挑；梁截面宽度是 200mm，截面高度是 400mm；箍筋是直径为 8mm 的一级钢筋，分布间距 100mm，双肢箍；上下部钢筋是两根直径为 12mm 的二级钢筋，梁顶标高是-0.100m。KL3 配筋图，表示 3 号框架梁 4 跨，一端有悬挑；梁截面宽度是 200mm，截面高度是 470mm；箍筋是直径为 8mm 的一级钢筋，加密区间距 100mm，非加密区间距 200mm，双肢箍；上下部钢筋是两根直径为 12mm 的二级钢筋，梁顶标高是-0.100m。KL4 配筋图，表示 4 号框架梁 1 跨，梁截面宽度是 200mm，截面高度是 600mm；箍筋是直径为 8mm 的一级钢筋，分布间距 1150mm，双肢箍；下部钢筋是两根直径为 12mm 的二级钢筋，上部是两根直径为 16mm 的二级钢筋，梁顶标高是-0.100m。KL5 配筋图，表示 5 号框架梁 1 跨，一端有悬挑；梁截面宽度是 200mm，截面高度是 470mm；箍筋是直径为 8mm 的一级钢筋，分布间距 100mm，双肢箍；上下部钢筋是两根直径为 12mm 的二级钢筋，梁顶标高是-0.100m。KL6 配筋图，表示 6 号框架梁 2 跨，梁截面宽度是 200mm，截面高度是 400mm；箍筋是直径为 8mm 的一级钢筋，分布间距 100mm，双肢箍；下部钢筋是两根直径为 12mm 的二级钢筋，上部是两根直径为 16mm 的二级钢筋，梁顶标高是-0.100m。KL7 配筋图，表示 7 号框架梁 1 跨，一端有悬挑；梁截面宽度是 200mm，截面高度是 600mm；箍筋是直径为 8mm 的一级钢筋，分布间距 100mm，双肢箍；上、下部钢筋是两根直径为 12mm 的二级钢筋，梁顶标高是-0.100m。KL8 配筋图，表示 8 号框架梁 1 跨，梁截面宽度是 200mm，截面高度是 600mm；箍筋是直径为 6mm 的一级钢筋，分布间距 150mm，双肢箍；下部钢筋是两根直径为 12mm 的二级钢筋，上部是 3 根直径为 16mm 的二级钢筋，梁顶标高是-0.100m。KL9 配筋图，表示 9 号框架梁 2 跨，梁截面宽度是 200mm，截面高度是 600mm；箍筋是直径为 6mm 的一级钢筋，分布间距 150mm，双肢箍；下部钢筋是两根直径为 12mm 的二级钢筋，上部是两根直径为 16mm 的二级钢筋，梁顶标高是-0.100m。KL10 配筋图，表示 10 号框架梁 1 跨，梁截面宽度是 200mm，截面高度是 600mm；箍筋是直径为 6mm 的一级钢筋，分布间距 150mm，双肢箍；下部钢筋是两根直径为 14mm 的二级钢筋，上部是两根直径为 14mm 的二级钢筋，梁顶标高是-0.100m。

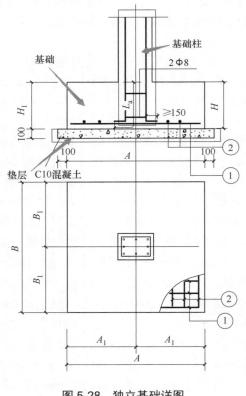

图 5-28　独立基础详图

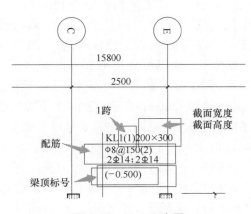

图 5-29　KL1 示意图

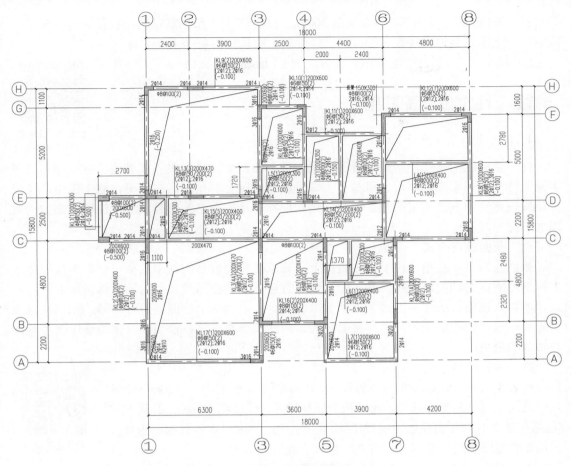

图 5-30　地梁布置图

KL11、KL12、KL13、KL14、KL15、KL16、KL17 配筋图识读方法同 KL1 配筋图。

L1 配筋图，表示 1 号梁 1 跨，梁截面宽度是 200mm，截面高度是 300mm；箍筋是直径为 8mm 的一级钢筋，分布间距 150mm，双肢箍；下部钢筋是两根直径为 12mm 的二级钢筋，上部是两根直径为 16mm 的二级钢筋，梁顶标高是-0.100m。L2 配筋图，表示 2 号梁 1 跨，梁截面宽度是 200mm，截面高度是 350mm；箍筋是直径为 8mm 的一级钢筋，分布间距 200mm，双肢箍；下部钢筋是两根直径为 12mm 的二级钢筋，上部是两根直径为 16mm 的二级钢筋，梁顶标高是-0.150m。L3 配筋图，表示 3 号梁 1 跨，梁截面宽度是 200mm，截面高度是 300mm；箍筋是直径为 8mm 的一级钢筋，分布间距为 150mm，双肢箍；下部钢筋是两根直径为 12mm 的二级钢筋，上部是两根直径为 16mm 的二级钢筋，梁顶标高是-0.100m。L4 配筋图，表示 4 号梁 1 跨，梁截面宽度是 200mm，截面高度是 400mm；箍筋是直径为 8mm 的一级钢筋，分布间距 200mm，双肢箍；下部钢筋是两根直径为 12mm 的二级钢筋，上部是两根直径为 16mm 的二级钢筋，梁顶标高是-0.100m。

L5、L6、L7、折梁等配筋图识读方法同 L1 配筋图。

5.3.2 柱定位及配筋图

扩展资源 3.柱的
分类.docx

1. 柱的平面表示方法

柱平法施工图是在柱平面布置图上采用截面注写方式或列表方式表达。柱平面布置图可采用适当比例单独绘制，也可与剪力墙平面布置图合并绘制。在柱平法施工图中，还应按相应规定注明各结构层的楼面标高、结构层高及相应的结构层号，还应注明上部结构嵌固的部位。

1) 截面注写方式

截面注写方式是指在柱平面布置图上，分别在相同编号的柱中选择一个截面在原位放大比例绘制柱的截面配筋图，并在配筋图上直接注写柱截面尺寸和配筋具体情况的表达方式。所以，在用截面注写方式表达柱的结构图时，应对每个柱截面进行编号，相同柱截面编号应一致，在配筋图上应注写截面尺寸、角筋或全部纵筋、箍筋的具体数值以及柱截面与轴线的关系。

2) 列表注写方式

列表注写方式是在柱平面布置图上，分别在同一编号的柱中选择一个或几个截面标注几何参数代号，通过列表注写柱号、柱段起止标高、几何尺寸(包括柱截面对轴线的偏心情况)与配筋具体数值，并配以各种柱截面形状及其箍筋类型图说明箍筋形式的方式。柱列表注写内容如下。

柱平法图.mp4

(1) 编号。柱编号由类型编号和序号组成，编号方法如表 5-1 所示。

表 5-1　柱编号

柱 类 型	代　号	序　号
框架柱	KZ	××
框支柱	KZZ	××
芯柱	XZ	××
梁上柱	LZ	××
剪力墙上柱	QZ	××

注：编号时，当柱的总高、分段截面尺寸和配筋均对应相同，仅截面与轴线的关系不同时，仍可将其编为同一柱号，但应在图中注明截面与轴线的关系。

(2) 各段柱的起止标高。自柱根部往上以变截面位置或截面未变但配筋改变处分界分段注写。

(3) 截面注写 $b \times h$ 及其与轴线关系的几何参数代号 b_1、b_2 和 h_1、h_2 的具体数值必须对应于各段柱分别注写。

(4) 柱纵筋。包括钢筋级别、直径和间距、分角筋、截面 b 边中部筋和 h 边中部筋等项。

(5) 柱箍筋。包括钢筋级别、直径、间距和肢数等。

柱平法施工图列表注写方式示例如图 5-31 所示。

2. 柱识读

图 5-31 所示为采用列表注写方式表达的柱平法施工图。比例 1∶100 与建筑平面图、基础平面图相一致。其中从图中可以看出，标高 2.970m 以下柱定位 LZ1 截面尺寸为 500mm×500mm，纵筋 8 根，为直径 16mm 的二级钢筋，箍筋采用直径 8mm 的一级钢筋，加密区间距 150mm，非加密区间距 200mm。柱顶标高 2.520m。柱 KZ2 截面尺寸为 600mm×500mm，柱支座上部有 10 根纵筋，4 根直径为 16mm 的放在角部，6 根直径为 14mm 的放在中部，在 b 边方向箍筋为直径 8mm 的一级钢筋，加密区间距为 150mm，非加密区间距为 200mm，h 边方向箍筋为直径 6mm 的一级钢筋，加密区间距为 150mm，非加密区间距为 200mm。柱顶标高 2.520m。柱 KZ3 截面尺寸为 400mm×700mm，柱支座上部有 10 根纵筋，4 根直径为 16mm 的放在角部，6 根直径为 14mm 的放在中部，在 b 边方向箍筋为直径 8mm 的一级钢筋，加密区间距为 150mm，非加密区间距为 200mm，h 边方向箍筋为直径 6mm 的一级钢筋，加密区间距为 150mm，非加密区间距为 200mm。柱顶标高 2.970m。KZ4、KZ5、KZ6、KZ7、KZ8、KZ9、KZ10 等配筋图识读方法同 KZ1 配筋图。

标高 2.970m 以上柱定位 LZ1 截面尺寸为 500mm×500mm，纵筋 8 根，为直径 16mm 的二级钢筋，箍筋采用直径 8mm 的一级钢筋，加密区间距 150mm，非加密区间距 200mm。柱顶标高 6.370m，如图 5-32 所示。柱 KZ2 截面尺寸为 600mm×500mm，柱支座上部有 10 根纵筋，4 根直径为 16mm 的放在角部，6 根直径为 14mm 的放在中部，在 b 边方向箍筋为直径 8mm 的一级钢筋，加密区间距为 150mm，非加密区间距为 200mm，h 边方向箍筋为直径 6mm 的一级钢筋，加密区间距为 150mm，非加密区间距为 200mm。柱顶标高 6.370m。柱 KZ3 截面尺寸为 400mm×700mm，柱支座上部有 10 根纵筋，4 根直径为 16mm 的放在角部，6 根直径为 14mm 的放在中部，在 b 边方向箍筋为直径 8mm 的一级钢筋，加密区间距为 150mm，非加密区间距为 200mm，h 边方向箍筋为直径 6mm 的一级钢筋，加密区间距为 150mm，非加密区间距为 200mm。柱顶标高 6.370m。KZ4、KZ5、KZ6、KZ7、KZ8、KZ9、KZ10 等配筋图识读方法同 KZ1 配筋图。

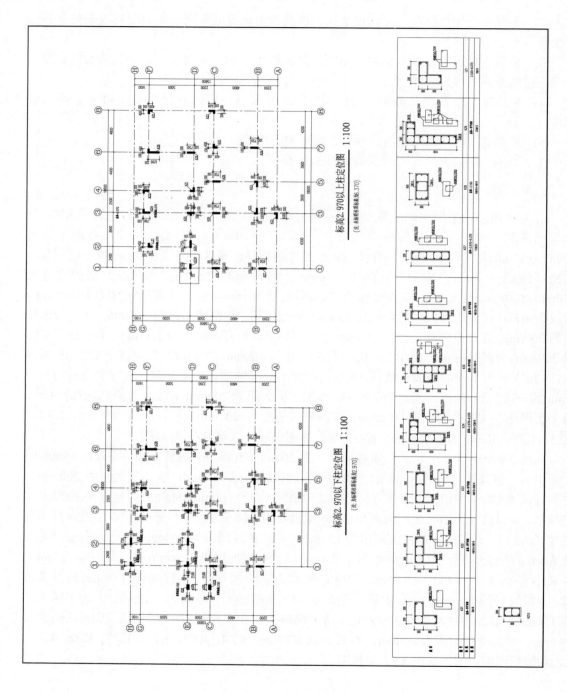

图 5-31 柱平法施工图列表注写方式

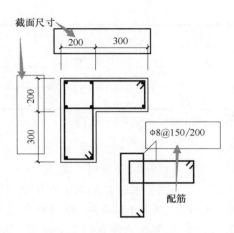

图 5-32 LZ1 示意图

5.3.3 二层梁板配筋图

1. 梁平法施工图的表示方法

梁平法施工图是在平面布置图上采用平面注写方式或截面注写方式表达。梁平面布置图，应分别按梁的不同结构层(标准层)，将全部梁和与其相关联的柱墙、板采用适当比例绘制。在梁平法施工图中，应按相关规定注明各结构层的顶面标高及相应的结构层号。对于轴线未居中的梁，应标注其偏心定位尺寸(贴柱边的梁可不注)。

1) 平面注写方式

平面注写方式，是在梁平面布置图上分别在不同编号的梁中各选一根梁，在其上注写截面尺寸和配筋具体数值的方式来表达梁平法施工图。

平面注写包括集中标注与原位标注，集中标注表达梁的通用数值，原位标注表达梁的特殊数值。当集中标注中的某项数值不适用于梁的某部位时，则将该项数值原位标注，施工时，原位标注取值优先。梁编号由梁类型代号、序号、跨数及有无悬挑代号几项组成，并应符合表 5-2 的规定。

表 5-2 梁编号

梁 类 型	代 号	序 号	跨数及其是否带有悬挑
楼层框架梁	KL	××	××、××A 或××B
屋面框架梁	WKL	××	××、××A 或××B
框支梁	KZL	××	××、××A 或××B

续表

梁 类 型	代 号	序 号	跨数及其是否带有悬挑
非框架梁	L	××	××、××A 或 ××B
悬挑梁	XL	××	—
井字梁	JZL	××	××、××A 或 ××B

注：A 为一端有悬挑，B 为两端有悬挑，悬挑不计入跨数。

(1) 集中标注。

集中标注表示梁的通用数值，可以从梁的任何一跨引出。

集中标注形式如图 5-33 所示。其中，KL2(2A)表示框架梁 KL2，有两跨并有一端悬挑；300×650 表示该梁截面宽为 300mm，高为 650mm；箍筋为直径 8mm 的一级钢筋，间距为 200mm，加密区间距为 100mm。梁上部有两根直径 25mm 的二级钢筋，贯穿于整个两跨梁中。梁截面两侧各有两根直径 10mm 的一级构造钢筋。-0.100 表示该梁的梁顶标高比该楼层结构层标高低 0.100m。另外，在梁的两端上部和梁中部还有标注，这个即为原位标注，表示此处另设有钢筋。

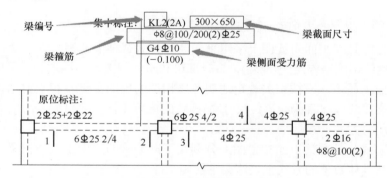

图 5-33 梁集中标注形式

集中标注的部分内容有 5 项必注值和一项选注值，必注值有梁的编号、截面尺寸、梁箍筋及梁上部贯通筋或架立筋。梁顶面标高为选注值，当梁顶面与楼层结构标高有高差时应注写。其标注顺序如下。

① 梁编号。梁编号为必注值，编号方法如表 5-2 所示。

② 梁截面尺寸。梁截面尺寸为必注值，用 $b×h$、$GYc_1×c_2$ 表示，其中 c_1 为腋长，c_2 为腋高；当为水平加腋梁时，一侧加腋时用 $b×h$、$PYc_1×c_2$ 表示，其中 c_1 为腋长，c_2 为腋宽。

③ 梁箍筋。该项为必注值，包括钢筋级别、直径、加密区与非加密区间距及肢数，箍筋加密区与非加密区的不同间距及肢数需用斜线"/"分隔；当梁箍筋为同一种间距及肢数时，则不需用斜线；当加密区与非加密区的箍筋肢数相同时，则将肢数注写一次；箍筋

肢数应写在括号内。加密区范围见相应抗震等级的标准构造详图。

④ 梁上部通长筋和架立筋根数。该项为必注值，梁上部钢筋和下部钢筋用分号隔开，前面表示上部钢筋，分号后表示下部钢筋，如"2Φ14；2Φ18"。当梁中有架立钢筋时，标注时与梁上部贯通筋用"+"隔开，如"2Φ22+(2Φ16)"加号前面是角部纵筋，加号后面的括号内为架立筋。当梁的上部纵筋和下部纵筋为全跨相同，且多数配筋相同时，此项可加注下部纵筋的配筋值，用"；"将上部与下部纵筋的配筋值分隔开。

⑤ 梁侧面纵向构造钢筋或受扭钢筋。如果有的话为必注值，构造筋用"G"表示，受扭钢筋用"N"表示。持续注写设置在梁两个侧面的总配筋值，且对称配置。

⑥ 梁顶面标高高差。它为选注值。梁顶面标高高差是指相对于结构层楼面标高的高差值。有高差时，需将其写入括号内，无高差时不注。

(2) 原位标注。

原位标注表示梁的特殊值。当集中标注中的某项数值不适合于梁的某部位时，则将该项数值原位标注，施工时原位标注取值优先。原位标注的部分规定如下。

① 梁纵筋(含上部纵筋和下部纵筋)多于一排时，用斜线"/"将各排纵筋自上而下分开。

② 当同排纵筋有两种直径时，用加号"+"将两种直径的纵筋相连，注写时将角部纵筋写在前面。

③ 当梁中间支座两边的上部纵筋不同时，须在支座两边分别标注；当梁中间支座两边的上部纵筋相同时，可仅在支座的一边标注配筋值，另一边省去不注。

④ 当梁下部纵筋不全部伸入支座时，将梁支座下部纵筋减少的数量写在括号内。

⑤ 当梁的集中标注中已按规定分别注写了梁上部和下部均为通长的纵筋值时，则不需在梁下部重复做原位标注。

⑥ 附加箍筋或吊筋。将其直接画在平面图中的主梁上，用线引注总配筋值。当多数附加箍筋或吊筋相同时，可在梁平法施工图上统一注明，少数与统一注明值不同时，再原位引注。

2) 截面注写方式

截面注写方式是在分层绘制的梁平面布置图上，分别在不同编号的梁中各选择一根梁用剖面号引出配筋图，并在其上注写截面尺寸和配筋具体数值的方式来表达梁平法施工图。在截面配筋详图上注写截面尺寸 $b \times h$、上部筋、下部筋、侧面构造筋或受扭筋以及箍筋的具体数值时，其表达形式与平面注写方式相同。截面注写方式既可以单独使用，也可与平面注写方式结合使用。

3) 暗梁的表示方法

(1) 暗梁平面注写包括暗梁集中标注、暗梁支座原位标注两部分内容。施工图中在柱轴线处画中粗虚线表示暗梁。

(2) 暗梁集中标注包括暗梁编号、暗梁截面尺寸(箍筋外皮宽度×板厚)、暗梁箍筋、暗梁上部通长筋或架立筋四部分内容。暗梁编号如表 5-3 所示。

表 5-3 暗梁编号

构件类型	代 号	序 号	跨数及有无悬挑
暗梁	AL	××	(××)、(××A)或(××B)

注：① 跨数按柱网轴线计算(两相邻柱轴线之间为一跨)。

② (××A)为一端有悬挑，(××B)为两端有悬挑，悬挑不计入跨数。

梁支座原位标注包括梁支座上部纵筋、梁下部纵筋。当在暗梁上集中标注的内容不适用于某跨或某悬挑端时，则将其不同数值标注在该跨或该悬挑端，施工时按原位标注取值。

柱上板带标注的配筋仅设置在暗梁之外的柱上板带范围内。

暗梁中纵向钢筋连接、锚固及支座上部纵筋的伸出长度等要求同轴线处柱上板带中纵向钢筋。

2. 梁识读

二层梁配筋图如图 5-34 所示，从图中可以看出，二层梁的配筋图采用集中标注的方法，梁的配筋图采用 1∶100 的比例，二层梁配筋图有 KL1、KL2、KL3、KL4、KL5、KL6、KL7、KL8、KL9、KL10、KL11、KL12、KL13、KL14、KL15、KL16、KL17、KL18、KL19、KL20 以及 L1、L2、L3、L4、L5、L6 和 AL1 等配筋情况及具体尺寸。

例如，KL1 配筋图，表示 1 号框架梁 1 跨，梁截面宽度是 200mm，截面高度是 300mm；箍筋是直径为 8mm 的一级钢筋，加密区间距 150mm，非加密区间距 200mm，双肢箍；下部钢筋是两根直径为 16mm 的二级钢筋，上部是两根直径为 16mm 的二级钢筋，梁顶标高是 3.150m。KL2 配筋图，表示 2 号框架梁 3 跨，一端有悬挑；梁截面宽度是 200mm，截面高度是 570mm；箍筋是直径为 8mm 的一级钢筋，加密区间距 100mm，非加密区间距 200mm，双肢箍；上下部钢筋是两根直径为 12mm 的二级钢筋。KL3 配筋图，表示 3 号框架梁 1 跨，梁截面宽度是 400mm，截面高度是 450mm；箍筋是直径为 10mm 的一级钢筋，分布间距 100mm，四肢箍；下部是 4 根直径为 14mm 的二级钢筋，上部是 8 根直径为 25mm 的二级钢筋，上排两根直径为 25mm 的二级钢筋，下排 6 根直径为 25mm 的二级钢筋。4 根直径为 12mm 的一级抗扭筋。梁顶标高是 2.550m。KL4 配筋图，表示 4 号框架梁 1 跨，一端有悬挑；梁截面宽度是 200mm，截面高度是 470mm；箍筋是直径为 8mm 的一级钢筋，加密区间距 150mm，非加密区间距 200mm，双肢箍；上、下部钢筋是两根直径为 12mm 的二级钢筋。KL5 配筋图，表示 5 号框架梁 1 跨，梁截面宽度是 200mm，截面高度是 570mm；箍筋是直径为 10mm 的一级钢筋，分布间距 100mm，双肢箍；下部是 4 根直径为 12mm 的二级钢筋，上部是 3 根直径为 18mm 的二级钢筋，有两根直径为 10mm 的二级抗扭筋，梁顶标高是 2.920m。

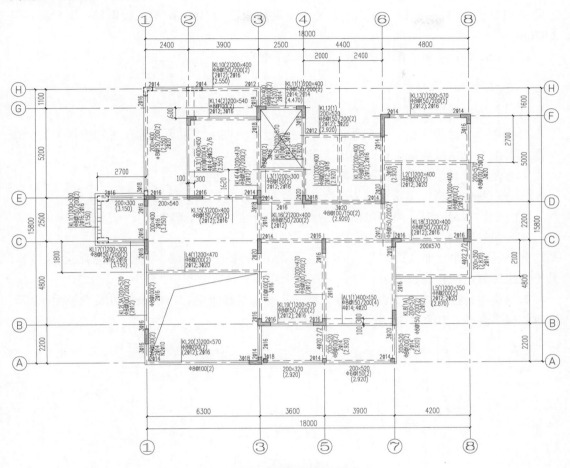

图 5-34 二层梁配筋图

KL6、KL7、KL8、KL9、KL10、KL11、KL12、KL13、KL14、KL15、KL16、KL17、KL18、KL19、KL20 配筋图识读方法同 KL1 配筋图。

L1 配筋图，表示 1 号梁 1 跨，梁截面宽度是 200mm，截面高度是 400mm；箍筋是直径为 8mm 的一级钢筋，分布间距 200mm，双肢箍；下部钢筋是两根直径为 12mm 的二级钢筋，上部是 3 根直径为 18mm 的二级钢筋，梁顶标高是 2.920m。L2 配筋图，表示 2 号梁 1 跨，梁截面宽度是 200mm，截面高度是 400mm；箍筋是直径为 8mm 的一级钢筋，分布间距 200mm，双肢箍；下部钢筋是两根直径为 12mm 的二级钢筋，上部是 3 根直径为 20mm

的二级钢筋。梁顶标高是 2.970m。L3 配筋图，表示 3 号梁 1 跨，梁截面宽度是 200mm，截面高度是 300mm；箍筋是直径为 8mm 的一级钢筋，分布间距 150mm，双肢箍；下部钢筋是两根直径为 12mm 的二级钢筋，上部是两根直径为 16mm 的二级钢筋。梁顶标高是 2.970m。

L4、L5、L6 和 AL1 配筋图识读方法同 L1 配筋图。

3. 板平法施工图的表示方法

1) 有梁楼盖平法施工图的表示方法

有梁楼盖平法施工图，是在楼面板和屋面板布置图上，采用平面注写的表达方式。板平面注写主要包括板块集中标注和板支座原位标注。

为方便设计表达和施工识图，规定结构平面的坐标方向如下。

(1) 当两向轴网正交布置时，图面从左至右为 X 向，从下至上为 Y 向。

(2) 当轴网转折时，局部坐标方向顺轴网转折角度做相应转折。

(3) 当轴网向心布置时，切向为 X 向，径向为 Y 向。

此外，对于平面布置比较复杂的区域，如轴网转折交界区域、向心布置的核心区域等，其平面坐标方向应由设计者另行规定并在图上明确表示。

板块集中标注的内容为板块编号、板厚、上部贯通纵筋、下部纵筋以及当板面标高不同时的标高高差，如图 5-35 所示。

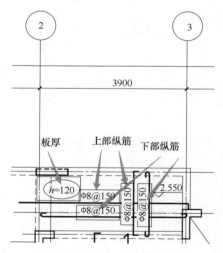

图 5-35　板块集中标注示意图

对于普通楼面，两向均以一跨为一板块；对于密肋楼盖，两向主梁(框架梁)均以一跨为一板块(非主梁密肋不计)。所有板块应逐一编号，相同编号的板块可择其一做集中标注，其他仅注写置于圆圈内的板编号，以及当板面标高不同时的标高高差。

板厚注写为 $h=\times\times\times$ (为垂直于板面的厚度)；当悬挑板的端部改变截面厚度时，用斜线分隔根部与端部的高度值，注写为 $h=\times\times\times/\times\times\times$；当设计已在图注中统一注明板厚时，此项可不注。

纵筋按板块的下部纵筋和上部贯通纵筋分别注写(当板块上部不设贯通纵筋时则不注)，并以 B 代表下部纵筋，以 T 代表上部贯通纵筋，B&T 代表下部与上部；X 向纵筋以 X 打头，Y 向纵筋以 Y 打头，两向纵筋配置相同时则以 X&Y 打头。

①　当为单向板时，分布筋可不必注写，而在图中统一注明。

②　当在某些板内(如在悬挑板 XB 的下部)配置有构造钢筋时，则 X 向以 X_c、Y 向以 Y_c 打头注写。

③　当 Y 向采用放射配筋时(切向为 X 向、径向为 Y 向)，设计者应注明配筋间距的定位尺寸。

④　当纵筋采用两种规格钢筋"隔一布一"方式时，表达为中 $\phi xx/yy@\times\times\times$，表示直径为 xx 的钢筋和直径为 yy 的钢筋二者间距为 $\times\times\times$，直径为 xx 的钢筋的间距为 $\times\times\times$ 的 2 倍，直径为 yy 的钢筋的间距为 $\times\times\times$ 的 2 倍。

板面标高高差，是指相对于结构层楼面标高的高差，应将其注写在括号内，且有高差则注，无高差不注。

同编号板块的类型、板厚和纵筋均应相同，但板面标高、跨度、平面形状以及板支座上部非贯通纵筋可以不同，如同一编号板块的平面形状可为矩形、多边形及其他形状等。施工预算时，应根据其实际平面形状，分别计算各块板的混凝土与钢材用量。

板支座原位标注的内容为：板支座上部非贯通纵筋和悬挑板上部受力钢筋。

板支座原位标注的钢筋，应在配置相同跨的第一跨表达(当在梁悬挑部位单独配置时则在原位表达)。在配置相同跨的第一跨(或梁悬挑部位)，垂直于板支座(梁或墙)绘制一段适宜长度的中粗实线(当该筋通长设置在悬挑板或短跨板上部)时，实线段应画至对边或贯通短跨，以该线段代表支座上部非贯通纵筋，并在线段上方注写钢筋编号(如①、②等)、配筋值、横向连续布置的跨数(注写在括号内，且当为一跨时可不注)，以及是否横向布置到梁的悬挑端。

2)　无梁楼盖平法施工图的表示方法

无梁楼盖平法施工图，是在楼面板和屋面板布置图上，采用平面注写的表达方式。板平面注写主要有板带集中标注、板带支座原位标注两部分内容。

集中标注应在板带贯通纵筋配置相同跨的第一跨(X 向为左端跨、Y 向为下端跨)注写。相同编号的板带可择其一做集中标注，其他仅注写板带编号(注在圆圈内)。

板带集中标注的具体内容为：板带编号，板带厚及板带宽和贯通纵筋。

板带厚注写为 h=×××，板带宽注写为 b=×××。当无梁楼盖整体厚度和板带宽度已在图中注明时，此项可不注。

贯通纵筋按板带下部和板带上部分别注写，并以 B 代表下部、T 代表上部、B&T 代表下部和上部。当采用放射配筋时，设计者应注明配筋间距的度量位置，必要时补绘配筋平面图。

单向或双向连续板的中间支座上部同向贯通纵筋，不应在支座位置连接或分别锚固。当相邻两跨的板上部贯通纵筋配置相同，且跨中部位有足够空间连接时，可在两跨任意跨的跨中连接部位连接；当相邻两跨的上部贯通纵筋配置不同时，应将配置较大者越过其标注的跨数终点或起点伸至相邻跨的跨中连接区域连接。

设计时应注意板带中间支座两侧上部贯通纵筋的协调配置，施工及预算应按具体设计和相应标准构造要求实施。等跨与不等跨板上部贯通纵筋的连接构造要求见相关标准构造详图；当具体工程对板带上部纵向钢筋的连接有特殊要求时，其连接部位及方式应由设计者注明。

当局部区域的板面标高与整体不同时，应在无梁楼盖的板平法施工图上注明板面标高高差及分布范围。

板带支座原位标注的具体内容为：板带支座上部非贯通纵筋。

以一段与板带同向的中粗实线段代表板带支座上部非贯通纵筋：对柱上板带，实线段贯穿柱上区域绘制；对跨中板带：实线段横贯柱网轴线绘制。在线段上注写钢筋编号(如①、②等)、配筋值及在线段的下方注写自支座中线向两侧跨内的伸出长度。

当板带支座非贯通纵筋自支座中线向两侧对称伸出时，其伸出长度可仅在一侧标注；当配置在有悬挑端的边柱上时，该筋伸出到悬挑尽端，设计不注。当支座上部非贯通纵筋呈放射状分布时，设计者应注明配筋间距的定位位置。

不同部位的板带支座上部非贯通纵筋相同者，可仅在一个部位注写，其余则在代表非贯通纵筋的线段上注写编号。

当板带上部已经配有贯通纵筋，但需增加配置板带支座上部非贯通纵筋时，应结合已配置同向贯通纵筋的直径与间距，采取"隔一布一"的方式配置。

4. 板识读

二层板配筋图如图 5-36 所示。从图中可以看到，板的厚度有 120mm、150mm 和 100mm。以⑦～⑧轴之间板厚 120mm 为例，板的下部配置了双向钢筋，底筋和面筋均是直径为 8mm 的一级钢筋，分布间距为 150mm。

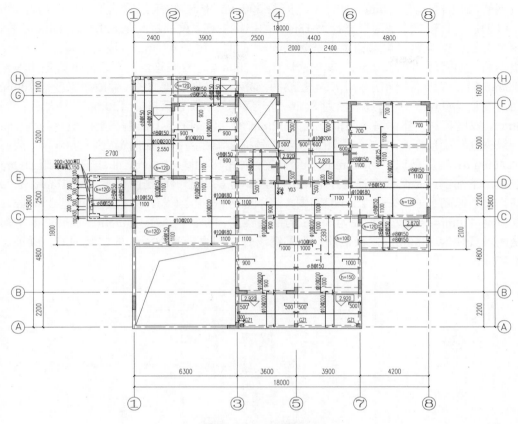

图 5-36 二层板配筋图

5.3.4 ┃ 屋顶层梁板配筋图

1. 屋顶层梁识图

屋顶层梁配筋图如图 5-37 所示，从图中可以看出，屋顶层梁的配筋图采用集中标注的方法，梁的配筋图采用 1∶100 的比例，屋顶层梁配筋图有 KL1、KL2、KL3、KL4、KL5、KL6、KL7、KL8、KL9、KL10、KL11、KL12、KL13、KL14、KL15、KL16 等配筋情况及具体尺寸。

例如，KL1 配筋图，表示 1 号框架梁 1 跨，一端有悬挑，梁截面宽度是 200mm，截面高度是 470mm；箍筋是直径为 8mm 的一级钢筋，加密区间距 150mm，非加密区间距 200mm，双肢箍；上、下部钢筋是两根直径为 12mm 的二级钢筋，梁顶标高是 6.370m。KL2 配筋图，表示 2 号框架梁 1 跨，梁截面宽度是 200mm，截面高度是 400mm；箍筋是直径为 8mm 的一级钢筋,加密区间距 150mm,非加密区间距 200mm,双肢箍;下部钢筋是两根直径为 12mm 的二级钢筋。上部钢筋是两根直径为 18mm 的二级钢筋,梁顶标高是 6.070m。KL3 配筋图,表示 3 号框架梁 4 跨,梁截面宽度是 200mm, 截面高度是 470mm;箍筋是直径为 8mm 的一级钢筋,加密区间距 150mm,非加密区间距 200mm,双肢箍,上、下部钢筋是两根直径为 12mm 的二级钢筋。梁顶标高 KL4 配筋图,表示 4 号框架梁 2 跨,梁截面宽度是 200mm,截面高度是 400mm;箍筋是直径为 8mm 的一级钢筋,加密区间距 150mm,非加密区间距 200mm,双肢箍;下部钢筋是两根直径为 12mm 的二级钢筋。上部钢筋是两根直径为 16mm 的二级钢筋。梁顶标高 KL5 配筋图,表示 5 号框架梁 2 跨,梁截面宽度是 200mm,截面高度是 400mm;箍筋是直径为 8mm 的一级钢筋,加密区间距 150mm,非加密区间距 200mm,双肢箍;下部钢筋是两根直径为 12mm 的二级钢筋。上部钢筋是两根直径为 16mm 的二级钢筋。梁顶标高是 6.370m。KL6 配筋图,表示 6 号框架梁 1 跨,梁截面宽度是 200mm,截面高度是 470mm;箍筋是直径为 8mm 的一级钢筋,加密区间距 150mm,双肢箍;下部钢筋是两根直径为 12mm 的二级钢筋。上部钢筋是 3 根直径为 20mm 的二级钢筋。梁顶标高是 6.370m。

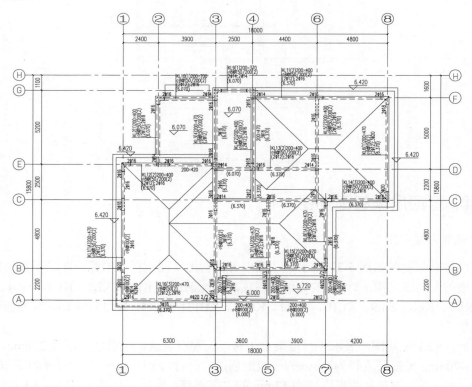

图 5-37 屋顶层梁配筋图

屋顶层 KL7、KL8、KL9、KL10、KL11、KL12、KL13、KL14、KL15、KL16 配筋图识读方法同 KL1 配筋图。

2. 屋顶层板识图

屋顶层板配筋图如图 5-38 所示。从图中可以看到，屋顶有坡屋顶和平屋顶两种。板的厚度 130mm，未注明的板厚为 120mm，板面标高详见屋顶层平面图，坡屋面双层双向配置直径为 12mm 的二级钢筋，分布间距为 150mm。平屋面双层双向配置直径为 10mm 的二级钢筋，分布间距为 150mm。

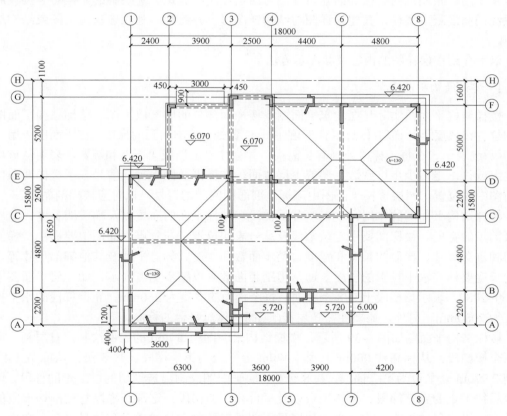

图 5-38　屋顶层板配筋图

5.3.5 | 楼梯详图

楼梯是多层上下交通的主要设施，它除了要满足行走方便和人流疏散畅通外，还应有足够的坚固耐久性。目前多采用现浇或预制的钢筋混凝土楼梯。楼梯由楼梯段(简称梯段，包括踏步或斜梁)、平台(包括平台板和梁)、栏杆(或栏板)等组成。梯段是联系两个不同标高平面的倾斜构件，上面有踏步，踏步的水平面称为踏面，踏步的铅垂面称为踢面。平台起休息和转换梯段的作用，也称休息平台。栏杆(或栏板)和扶手用于保证行人上下楼梯的安全。

根据楼梯的布置形式分类，两个楼层之间以一个梯段连接的，称为单跑楼梯；两个楼层之间以两个或多个梯段连接的，称为双跑楼梯或多跑楼梯。

楼梯详图包括楼梯平面图、楼梯剖面图以及楼梯踏步、栏板、扶手等节点详图，并尽可能画在同一张图纸内。楼梯的建筑详图与结构详图一般是分别绘制的，但对一些较简单的现浇钢筋混凝土楼梯，其建筑详图与结构详图可合并绘制，列入建筑施工图或结构施工图中。

以下介绍楼梯详图的内容及其图示方法。

1. 楼梯结构平面图

楼梯结构平面图实际是在建筑平面图中楼梯间部分的局部放大图。楼梯结构平面图的剖切位置在该层上行梯段(休息平台下)的任一位置处，被剖切到的梯段，在平面图中用一条45°折断线表示。在每一梯段处画有长箭头，并标注"上"或"下"和级数，表明从该层楼面往上或往下走多少步可到达上层或下层楼面。楼梯平面图用轴线编号表示楼梯间在建筑平面图中的位置，一层楼梯平面图中应标注剖面图的剖切符号，以对应楼梯剖面图。

楼梯结构平面图的作用在于表明各层梯段和楼梯平面的布置以及梯段的长度、宽度和各级踏步的宽度。楼梯间要用定位轴线及编号表明位置。在各层平面图中要标注楼梯间的开间和进深尺寸、梯段的长度和宽度、踏步面数和宽度、休息平台及其他细部尺寸等。梯段的长度要标注水平投影的长度，通常用踏步面数乘以踏步宽度表示，如一层平面图中的8×260=2080。表示该梯段上有 8 个踏面，每个踏面的宽度为 260mm，正跑梯段的水平投影长度为 2080mm。另外，还要注写各层楼(地)面、休息平台的标高。

楼梯结构平面图如图 5-39 所示，楼梯结构平面图用 1：50 的比例绘制，首层到二层设有两个楼梯段：从标高+0.000m 上到 1.470m 处平台为第一梯段，共 8 级；从标高 1.470m 上到 2.970m 处平台为第二梯段，共 8 级。一层平面图既画出被剖切的往上走的梯段，还画出该层往下走的完整梯段、楼梯平台以及平台往下的梯段。这部分梯段与被剖切梯段的投影重合，以倾斜的折断线为分界。顶层平面图画有两段完整的梯段和休息平台，在梯口处只有一个注有"下"字的长箭头。各层平面图上所画的梯段上，每一分格表示梯段的一级踏面。

2. 楼梯结构剖面图

楼梯结构剖面图是表示楼梯间的各种构件的竖向布置和构造情况的图样。TB1 剖面图如图 5-40 所示，TL1 剖面图如图 5-41 所示，TZ1 剖面图如图 5-42 所示，它们清楚地表示出构件的布置和楼梯板的配筋情况。

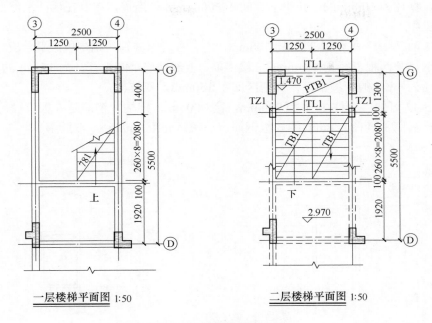

一层楼梯平面图 1:50　　　　二层楼梯平面图 1:50

图 5-39　楼梯结构平面图

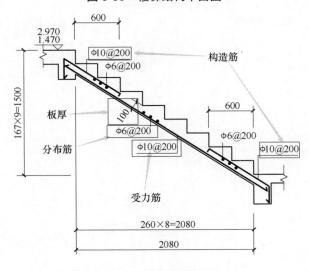

图 5-40　TB1 剖面图

从图 5-40 可知，TB1 板厚 100mm，梯板中的配筋直径为 10mm 的二级钢筋，间距 200mm 的纵向受力筋布置在板底；直径为 6mm 的一级钢筋，间距 200mm 的分布筋横向布置在受力筋上面，直径为 10mm 的二级钢筋，间距 200mm 的构造筋，布置在板两端的上方，两端伸入平台梁中。

从图 5-41 可知，平台梁 TL1 高 300mm，左、右两侧分别与踏步板、平台板相连，平台梁中下部钢筋是两根直径为 18mm 的二级钢筋，上部钢筋是两根直径为 16mm 的二级钢筋，箍筋是直径为 6mm 的一级钢筋，加密区间距 150mm，双肢箍。

从图 5-42 可知，梯柱 TZ1 宽 200mm，高 300mm，梯柱中钢筋是 6 根直径为 14mm 的二级钢筋，箍筋是直径为 8mm 的一级钢筋，加密区间距 150mm，双肢箍。

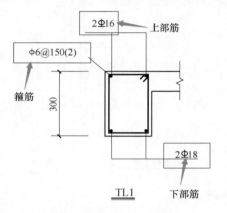

图 5-41 TL1 剖面图

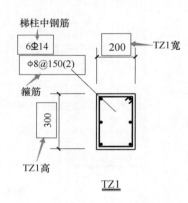

图 5-42 TZ1 剖面图

第 6 章　某学校钢筋混凝土框架结构

音频 1：框架 扩展资源 1.框架结
结构.mp3 构的优点.docx

6.1 图纸目录

一套完整的施工图纸目录包括建筑施工图和结构施工图。目录包括每张图纸的名称、内容、图纸编号等，表明该工程图纸由哪几个专业的图纸及哪些图纸所组成，便于检索和查找，如表 6-1 所示。

表 6-1 图纸目录

序 号	图纸名称	图 号	图 幅
1	建筑施工图设计说明、图纸目录	01	A1+
2	门窗表、技术措施表	02	A1
3	一层平面图	03	A1
4	二至四层平面图	04	A1
5	五层平面图	05	A1
6	屋顶层平面图	06	A1
7	①～⑩轴、⑩～①轴立面图	07	A1+
8	Ⓐ～Ⓗ轴、Ⓗ～Ⓐ轴立面图	08	A1+
9	1—1 剖面图、2—2 剖面图	09	A1
10	1#、2#楼梯详图、1#卫生间大样	10	A0+
11	墙身大样(一)	11	A0+
12	墙身大样(二)	12	A0+
13	墙身大样(三)	13	A0+
14	节能设计	14	A1+

建筑施工图目录是指施工图内容前所载的目次，是说明建筑施工图图纸的工具，建筑施工图目录是记录图纸的名称、设计者、设计院与项目相关信息等情况，按照一定的次序编排而成，为反映内容、指导阅读、检索图纸的工具。

某学校宿舍楼建筑施工图目录如表 6-2 所示。

表 6-2 某学校宿舍楼建筑施工图目录

序 号	图纸名称	图纸编号	图 幅
1	建筑施工图设计说明 图纸目录	1	A1+
2	门窗表、技术措施表	2	A1

续表

序　号	图纸名称	图纸编号	图　幅
3	一层平面图	3	A1
4	二至四层平面图	4	A1
5	五层平面图	5	A1
6	屋顶层平面图	6	A1
7	①～⑩轴、⑩～①轴立面图	7	A1+
8	Ⓐ～Ⓗ轴、Ⓗ～Ⓐ轴立面图	8	A1+
9	1—1剖面图、2—2剖面图	9	A1
10	1#、2#楼梯详图、1#卫生间大样	10	A0+
11	墙身大样(一)	11	A0+
12	墙身大样(二)	12	A0+
13	墙身大样(三)	13	A0+
14	节能设计	14	A1+
15	节点详图	建施图-15	A2

6.2　某学校框架结构建筑施工图识图

6.2.1　建筑施工图设计说明

1. 工程概况

1)　场地概况

本项目位于××县。

2)　工程概况

本工程为××县职业技术学校校区建筑组团工程，本子项为实训楼。建筑工程等级：二级；建筑使用性质：教学用房；设计使用年限：50 年；建筑高度：20.40m；建筑层数：地上 5 层；建筑层高：3.9m；总建筑面积：4111.21m²；基底面积：771.73m²；结构类型：框架结构；基础类型：独立基础；场地类别：Ⅱ类；抗震设防烈度：6 度；结构抗震等级：三级；建筑抗震类别：乙类；耐火等级：二级。

2. 楼地面工程

(1) 楼地面工程应严格按照《建筑地面设计规范》(GB 50037—2013)及相应施工及验收

规范执行。

(2) 除需特别注明外，建施图中所注标高为楼地面完成面标高，屋顶标高为结构板面标高。

(3) 楼板降板。公共卫生间降板 H-0.100(H 为各层的建筑完成面标高，除特别注明外，建筑与结构标高相差 50mm)。

(4) 留洞及封堵。

强弱电井和每层留洞，楼面留洞处需预留钢筋(详见结施)，待设备管线安装完成后二次浇筑 C20 混凝土(厚度同相邻楼板厚度)封堵密实。

(5) 回填土必须符合相关质量规范，并按规范要求分层夯实(即每回填 200mm 高即进行夯实)。

3. 屋面工程

(1) 屋面防水等级为 II 级，防水层合理使用年限为 15 年，两道设防。

(2) 屋面保温防水施工应严格遵照《屋面工程技术规范》(GB 50207—2012)及相关施工及验收规范执行。

(3) 屋面构造做法详见技术措施表。

(4) 屋面排水采用有组织排水，其坡向及坡度详见屋顶层平面图。

(5) 女儿墙顶做向内 2%的坡向，避免外墙被污染。

(6) 本工程雨水排放主要为有组织外排水，其坡向及坡度详见屋顶层平面图，采用直径 110mm，UPVC 塑料管。

(7) 凡涉及防水层部分的管道、设备基础、屋面栏杆应在防水施工前完成。

(8) 屋面施工时应严格按照有关规范所确定的施工程序和气候条件，并结合产品说明书，由获得资质证书的专业防水施工队伍进行施工，严禁非专业人员承揽该项工程。在选用各种卷材和涂料时，须由该材料生产厂家或专业施工队伍提供技术保证，以确保防水工程质量，防止出现渗漏现象。

(9) 在管道出屋面处等易开裂、渗漏部位，应留出凹槽嵌填密封材料，并应增设一层以上的防水附加层。

4. 墙体工程

(1) 墙体的基础部分和钢筋混凝土墙、梁、柱见结施，应做好隐蔽工程的记录与验收。

(2) 除图中特别注明外，填充墙体材料及墙体如表 6-3 所示。

表 6-3　填充墙体材料及墙体

砌体名称	墙体厚度/mm	使用部位
页岩空心砖	200	外墙、内隔墙、设备管井
页岩实心砖	200	临接室外土壤的墙体

注：1. 填充墙体±0.000m 标高以上采用 M5 混合砂浆砌筑，±0.000m 标高以下采用 M5 水泥砂浆砌筑。

2. 墙体均应砌至结构梁板底部。

3. 管道井内壁用混合砂浆随砌随抹。

4. 各层(除屋顶)内外墙体砌筑时，应先砌筑三皮混凝土实心砖。

5. 强弱电井和水井的门洞砌筑 200mm 高混凝土实心砖门槛；电梯机房均设 200mm 高混凝土实心砖门槛。

6. 门窗洞口四周用混凝土实心砖砌筑；墙垛未特别注明处，均为 100mm 宽；门窗洞口距结构柱(墙)边不大于 100mm 时，用 C20 细石混凝土后浇，内配 2Φ8 竖筋，锚入上下板内，竖筋中设拉筋 Φ6@200。

(3) 钢筋混凝土和砌体交接处、砌体墙面埋管线处均应加铺 300mm 宽、ϕ0.88mm 的 9×25 孔镀锌钢丝网。

(4) 下列部位墙体下部需做 C20 细石混凝土后浇带翻边，高度高于同层房间结构板面 200mm，厚度同该部位墙体厚度。

(5) 所有墙体拉接、门窗洞口构造措施详见结施图纸及说明。

(6) 凡预留在梁或钢筋混凝土构件部位孔洞，详见结施图。砌体上不大于ϕ300mm，或 300mm×300mm 的预留孔洞在建施图纸中均未标注，安装单位应配合土建施工预留孔洞或预留套管，不得事后穿墙打洞。施工、安装人员应对土建施工图与设备专业施工图相互对照核实、密切配合，以免出现漏埋、错埋等现象。

(7) 水平防潮层采用 1：2.5 水泥砂浆一道，室内地坪以下 60mm 处。

5. 门窗工程

(1) 门窗选型：本工程外窗选用铝合金中空玻璃窗(5+9A+55)，由专业厂家二次设计安装。内门选用夹板木门，做法参照西南《常用木门》(04J611)。

(2) 一侧临空时若窗台低于 900mm，均须做护窗栏杆，做法详见选用标准设计做法表。

(3) 外窗立面图中所绘制的外窗立面均为外视图，供外窗制作分格时参考。

(4) 外窗的气密性等级，不应低于《建筑外门窗气密、水密、抗风压性能分级及检测方法》(GB/T 7106—2008)的规定，外墙门窗框料及玻璃选型详见建筑节能设计。

(5) 门窗玻璃的选用应遵照《建筑玻璃应用技术规程》(JGJ 113—2015)、《建筑安全玻璃管理规定》(发改运行〔2003〕2116 号)及地方主管部门的有关规定：玻璃厚度以此为准，并不低于节能设计要求的厚度；卫生间采用磨砂玻璃(设置为高窗时不限)。要求采用安全玻璃的部位，当节能设计要求采用中空玻璃时，应采用安全中空玻璃。

6.2.2 门窗表与技术措施表

1. 门窗表

某学校框架结构门窗表如表 6-4 所示。

技术措施表和门窗扩展图片 1：某学校
表的识读.mp4　框架结构首层门窗
三维图.docx

表 6-4　某学校门窗表

类　别	编　号	名　称	洞口尺寸/mm		数　量	备　注
			宽	高		
门	FM甲1021	木质甲级防火门	1000	2100	5	耐火极限 1.2h
	M1021	成品木门	1000	2100	65	
	M1521	铝合金玻璃门	1500	2100	1	
	M1821	铝合金玻璃门	1800	2100	5	
窗	C0723	铝合金玻璃组合窗	700	2300	20	窗台高 900mm
	C1223	铝合金玻璃推拉窗	1200	2300	5	窗台高 900mm
	C1232	铝合金玻璃组合窗	1200	3200	5	
	C1623	铝合金玻璃推拉窗	1600	2300	4	窗台高 900mm
	C1632	铝合金玻璃组合窗	1600	3200	5	
	C2123	铝合金玻璃推拉窗	2100	2300	1	窗台高 900mm
	C2126	铝合金玻璃推拉窗	2100	2600	8	窗台高 900mm
	C2923	铝合金玻璃推拉窗	2900	2300	5	窗台高 900mm
	C3223	铝合金玻璃推拉窗	3200	2300	5	窗台高 900mm
	C3623	铝合金玻璃推拉窗	3600	2300	5	窗台高 900mm
	C5023	铝合金玻璃推拉窗	5000	2300	5	窗台高 900mm
	C5923	铝合金玻璃推拉窗	5900	2300	5	窗台高 900mm
	C6423	铝合金玻璃推拉窗	6400	2300	5	窗台高 900mm
	C6723	铝合金玻璃推拉窗	6700	2300	5	窗台高 900mm
	C7023	铝合金玻璃推拉窗	7000	2300	5	窗台高 900mm
	C-1	铝合金玻璃固定窗	2500	21000	1	
	C-2	铝合金玻璃推拉窗	700	18800	1	
	C-3	铝合金玻璃组合窗	700	21000	1	

2. 技术措施表

技术措施表如表 6-5 所示。

表 6-5　技术措施表

类别	编号	名　称	做　法	使用部位
屋面	屋1	保温上人屋面	40mm 厚 C20 细石混凝土(掺 4%防水剂，提浆压光)，设间距不大于 6m×6m 的分仓缝，内配%%c4@200×200 冷拔低碳钢丝网片(钢筋在缝内断开)缝宽 20mm，油膏嵌缝	屋顶(具体位置详见平面图)
			干铺无纺聚酯纤维布一层	
			70mm 厚玻化中空微珠防火保温砂浆(A 级)	
			3mm+3mm 厚 SBS 改性沥青防水卷材(共 6mm)	
			基层处理剂	
			20mm 厚 1∶3 水泥砂浆找平层	
			30mm 厚(最薄处)1∶8 水泥陶粒找坡层	
			现浇钢筋混凝土屋面板	
	屋2	保温非上人屋面	20mm 厚 1∶2.5 水泥沙浆保护层，分隔缝间距小于 1.0m	屋顶(具体位置详见平面图)
			干铺无纺聚酯纤维布一层	
			70mm 厚玻化中空微珠防火保温砂浆(A 级)	
			3mm+3mm 厚 SBS 改性沥青防水卷材(共 6mm)	
			基层处理剂	
			30mm 厚(最薄处)1∶8 水泥陶粒找坡层	
			20mm 厚 1∶3 水泥砂浆找平层	
			现浇钢筋混凝土屋面板	
外墙面	墙1	面砖	面砖	墙面颜色及位置详见立面图
			面砖黏结剂	
			1mm 厚抗裂防渗砂浆	
			热镀锌钢丝网	
			1mm 厚抗裂防渗砂浆	
			40mm 厚玻化中空微珠防火保温砂浆(A 级)	
			20mm 厚 1∶2.5 水泥砂浆找平层，配涂界面砂浆	
			基层墙体	

续表

类别	编号	名 称	做 法	使用部位
外墙面	墙2	外墙涂料	外墙弹性涂料 柔性腻子 2mm 厚抗裂防渗砂浆压入耐碱玻纤网格布 40mm 厚玻化中空微珠防火保温砂浆(A 级) 20mm 厚 1：2.5 水泥砂浆找平层，配涂界面砂浆 基层墙体	墙面颜色及位置详见立面图
楼地面	地1	地砖地面	见西南 11J312-3121D	实作室、教务室、准备室、器材室、走道、楼梯间
	地2	地砖楼面	见西南 11J312-3121L	
	地3	防滑地砖地面	见西南 11J312-3122D	卫生间
	地4	防滑地砖楼面	见西南 04J312-3122L	
踢脚	踢脚1	地砖踢脚板	见西南 11J312-4107T	实作室、教务室、准备室、器材室、走道、楼梯间
内墙面	内墙1	混合砂浆刷乳胶漆墙面	见西南 11J515-N09	实作室、教务室、准备室、器材室、走道、楼梯间
	内墙2	彩釉砖墙面	见西南 11J515-N11	卫生间
天棚	天棚1	混合砂浆刷乳胶漆天棚	见西南 11J515-P08	实作室、教务室、准备室、器材室、走道、楼梯间
	天棚2	铝合金方板吊顶	见西南 11J515-P11	卫生间
油漆	油1	醇酸磁漆	见西南 11J312-5114	室内金属栏杆，色彩二装定
	油2	富锌防锈漆	有效期 30 年以上	所有需防锈金属构件
备注			①楼面、踢脚、内墙面、顶棚装饰材料和做法，做法以二装设计为准； ②楼梯间顶棚、墙面和地面均应采用 A 级装修材料。	

6.2.3 建筑平面图

建筑平面图较全面且直观地反映建筑物的平面形状、大小和内部布置，墙或柱的位置、材料和厚度，门窗的位置、尺寸和开启方向，以及其他建筑构配件的设置情况，是建施图的主要图纸之一，是概预算、备料及施工中放线、砌墙、设备安装等的重要依据。

1. 建筑一层平面图

建筑一层平面图如图 6-1 所示，一层广联达三维图如图 6-2 所示。

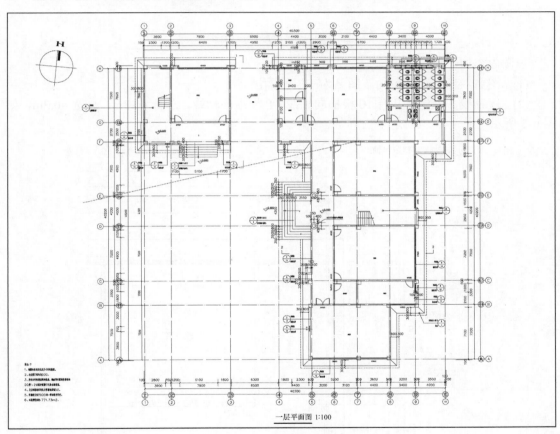

一层平面图 1:100

图 6-1 建筑一层平面图

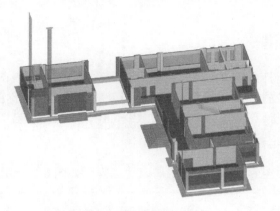

图 6-2　一层广联达三维图

识图内容如下。

(1)　图名。通过图纸可知该图名为一层平面图。

(2)　读轴线。该建筑共有 10 根横向轴线，8 根纵向轴线，总长 40.3m，总宽 40.2m，如图 6-3 所示。

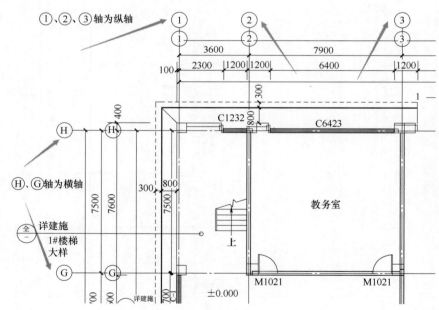

图 6-3　轴线示意图

(3)　平面布局。从平面图可知，一层房间布置有楼梯间、教务室、器材室、准备室、实作室、男卫、女卫、弱电机房等房间。

（4）出入口。教务室与其余房间首层架空。建筑物共设有两个出入口，一个是出入教务室、一个是出入实作室，如图 6-4 所示。

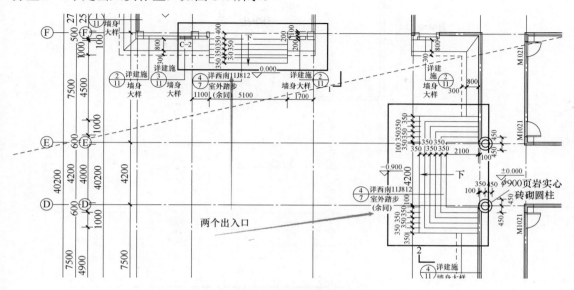

图6-4　出入口示意图

（5）楼梯布置。建筑共有两间楼梯间，均为双跑楼梯，如图 6-5 所示。

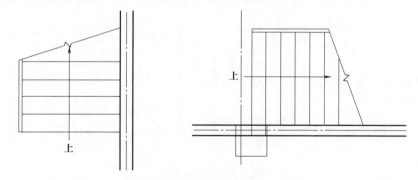

图6-5　楼梯平面示意图

（6）标高。标高表示建筑物某一部位相对基准面的竖向高度，是竖向定位的依据，室外地坪标高为-0.9m，建筑室内标高±0.00m，如图 6-6 所示。

（7）墙体。直接和室外相接的墙体叫外墙，不与室外相接的叫内墙。图中墙体室外地坪以上为页岩空心砖墙，墙厚 200mm；室外地坪以下为页岩实心墙，厚度为 200mm。内墙区分出了一层各房间，通过横纵内墙组成房间，如图 6-7 所示。

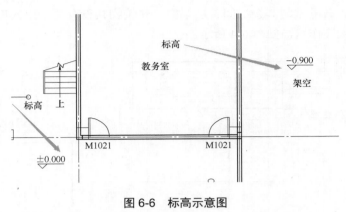

图 6-6　标高示意图

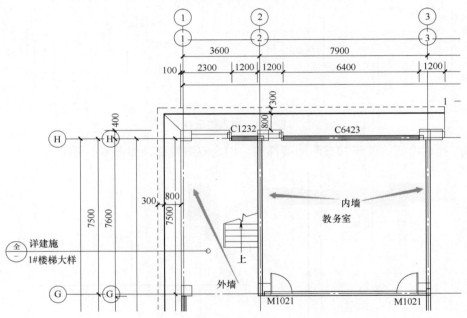

图 6-7　墙体示意图

（8）门窗。在平面图中，只能反映出门、窗的平面位置、洞口宽度及与轴线的关系，而无法表示门窗在高度方向的尺度，可以通过对照门窗表或在立面图中查看门窗具体高度。图中门用 M 表示，窗用 C 表示，门联窗用 MLC 表示，其编号均采用洞口尺寸表示，如 M1021 表示普通门，洞口尺寸为 1000mm×2100mm，即宽 1m、高 2.1m。除普通门窗外，还有特殊功能或采用特殊材质的门窗，具有不同的表示方法。例如，FM 甲 1021，表示木质甲级防火门，洞口尺寸为 1000mm×2100mm，如图 6-8 所示。

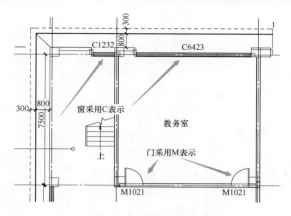

图 6-8　门窗示意图

（9）　散水与台阶。散水是为了保护墙基不受雨水侵蚀，常在外墙四周将地面做成向外倾斜的坡面，以便将屋面的雨水排至远处，称为散水，这是保护房屋基础的有效措施之一。图中标明散水宽度 800mm，遇台阶的位置则不布置散水。图中台阶均位于各出入口与室外连接处，由(6)可知室内外高差为 0.9m，图中台阶均为 6 层，即每层台阶高 150mm，宽度随出入口宽度布置。散水如图 6-9 所示，台阶如图 6-10 所示，三维图如图 6-11 所示。

扩展图片2：台阶三维图.docx

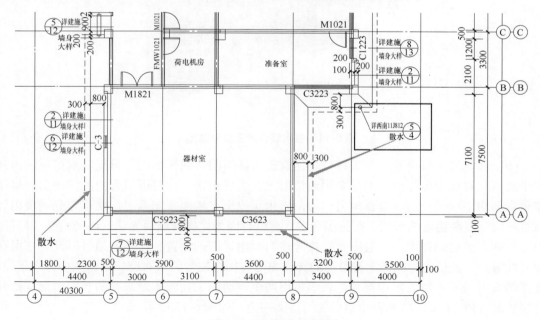

图 6-9　散水平面示意图

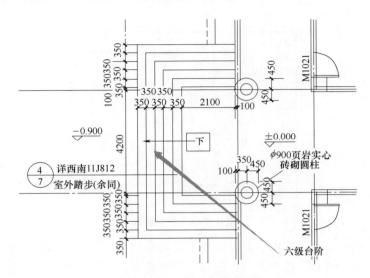

图 6-10　台阶平面示意图

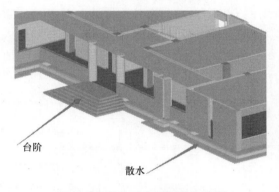

图 6-11　散水及台阶三维示意图

(10) 剖切与索引符号。剖切符号是建筑工程施工图中的平面图，只能表示房屋的内部水平形状，对竖向房屋内部的复杂构造情形无法表现出来。这时可用假想的剖切面将房屋作垂直剖切，移去一边，暴露出另一边，再用正投影方法绘在图纸上，就可充分表现出竖向房屋内部复杂构造的形状。在施工图中，有时会因为比例问题而无法表达清楚某一局部，为方便施工需另画详图。一般用索引符号注明画出详图的位置、详图的编号以及详图所在的图纸编号。索引符号和详图符号内的详图编号与图纸编号两者对应一致。图中标注了 21 处详图索引符号和两处剖切符号，表示将用两个剖面图来反映该建筑物的竖向内部构造和分层情况，用 21 个详图来表示索引处的详细构造，如图 6-12 所示。

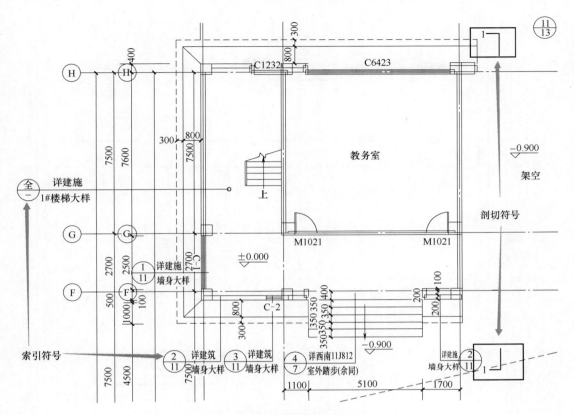

图 6-12　剖切与索引符号示意图

2. 二至四层平面图

建筑二至四层平面图如图 6-13 所示。

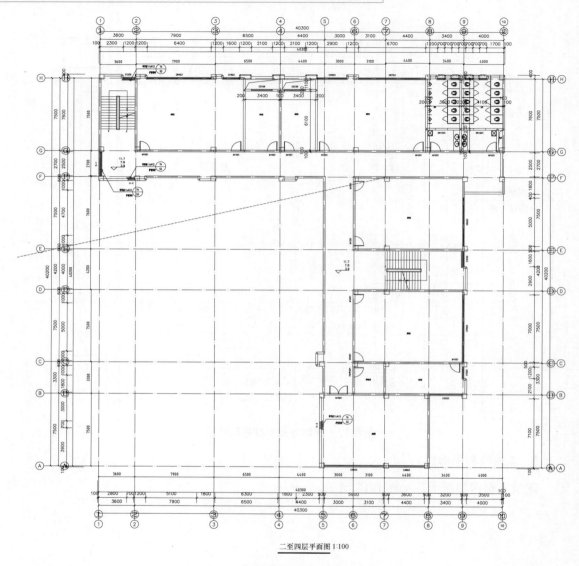

二至四层平面图 1:100

图 6-13 建筑二至四层平面图

识图内容如下。

(1) 图名与比例。由二至四层平面图 1:100 可知，该图纸为二至四层平面图，比例为 1:100。

(2) 平面布置。二至四层共 12 间房间，2 间楼梯间、2 间卫生间、4 间实作室、2 间器材室、2 间准备室、1 间弱电机房。

（3）楼梯。该图显示两个楼梯间，均为双跑楼梯，楼梯踏步数均为 13 个。楼梯间尺寸一个为 3.6m×7.5m，另一个为 4.2m×10.9m，如图 6-14 所示。

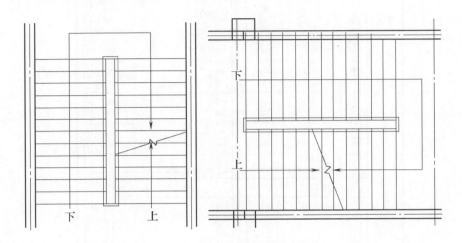

图 6-14　双跑楼梯示意图

（4）标高。图中显示标高为 3.9m、7.8m、11.7m。图纸为二至四层，可知二层标高 3.9m、三层标高 7.8m、四层标高 11.7m，如图 6-15 所示。

图 6-15　标高示意图

（5）门窗洞口。图中共有 14 扇单扇门，1 扇双扇门，18 扇窗，2 个洞口，如图 6-16 所示。

（6）卫生间。图中显示两个卫生间，分男卫和女卫，每间均配有洗手池，如图 6-16 所示。

（7）栏杆。图中左下角说明显示外窗台低于 900mm，一律加设防护栏杆。三维图如图 6-17 所示。

（8）详图索引。图中共有 4 个详图索引符号，标明护窗栏杆详细构造图位置，如图 6-18 所示。

3. 屋面层平面图

屋面层平面图如图 6-19 所示。

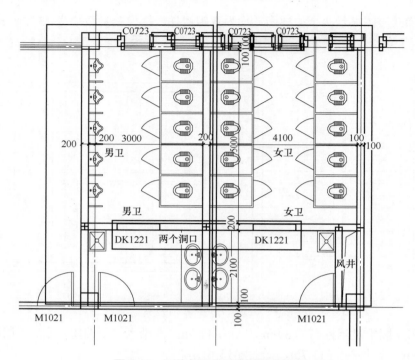

图 6-16　卫生间及洞口平面的示意图

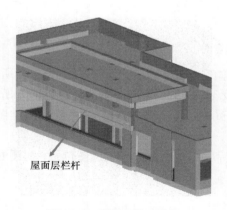

图 6-17　栏杆三维示意图

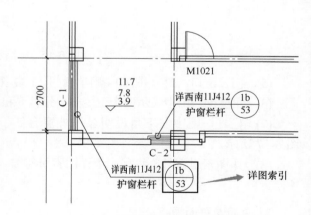

图 6-18　详图索引示意图

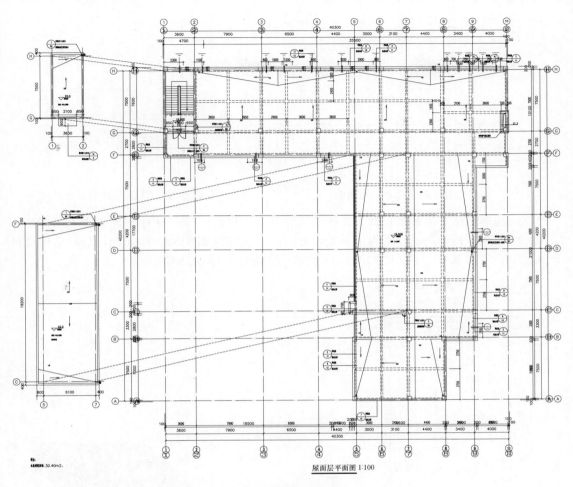

图 6-19　屋面层平面图

识图内容如下。

(1)　房间布置。一间楼梯间，一部通往屋面的双跑楼梯，楼梯 26 个踏步。一个高出屋面的砖砌排气道。

(2)　标高。非上人屋面(屋面 2)结构边标高为 22.50m，如图 6-20 所示，楼梯间、强弱电间标高为 19.5m，上人屋面(屋面 1)结构标高为 19.5m，砖砌排气道出屋面标高为 21.3m。标高不再一一列举。

(3)　排水。图中共有 7 个排水口，如图 6-21 所示。

(4)　门窗。图中楼梯间门卫 M1521，如图 6-22 所示。

屋面2(非上人屋面)

图 6-20　结构标高示意图

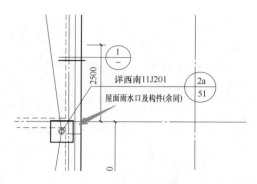

图 6-21　排水口示意图

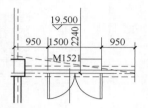

图 6-22　门 M1521 平面示意图

(5) 屋面做法。局部突出部分采用屋面 2(非上人屋面)，其余采用屋面 1(上人屋面)。

(6) 雨篷。楼梯间进出上人屋面处设有雨篷，尺寸为 2100mm×900mm，细部见构造间详图索引符号标示处。平面图如图 6-23 所示，三维图如图 6-24 所示。

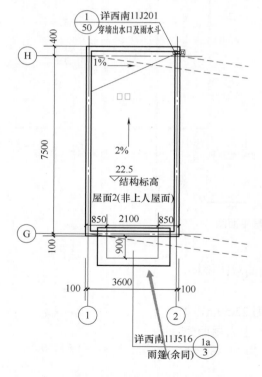

图 6-23　雨篷平面示意图

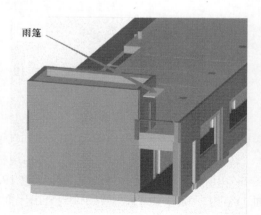

图 6-24　雨篷三维示意图

(7) 详图索引。图中详图索引符号较多，大都为墙身详图或雨水口详图索引。

6.2.4 建筑立面图

建筑立面图是在与房屋立面相平行的投影面上所作的正投影。它主要用来表示房屋的体型和外貌、外墙装修、门窗的位置与形式，以及遮阳板、窗台、窗套、屋顶水箱、檐口、阳台、雨篷、雨水管、水斗、引条线、勒脚、平台、台阶、花坛等构造和配件各部位的标高和必要的尺寸。

某学校建筑立面图共有①～⑩、⑩～①、Ⓗ～Ⓐ、Ⓐ～Ⓗ轴立面图。下面主要从①～⑩轴的立面图来讲解某学校钢筋混凝土框架结构立面图的识图。

①～⑩轴立面图如图 6-25 所示，①～⑩轴三维立面图如图 6-26 所示。识图内容如下。

(1) 轴线与比例。图中共有①～⑩共 10 根轴线，比例为 1∶100。

(2) 建筑外形高度。图中建筑高度为 23.1m，楼层共有 6 层，分 1～5个楼层和女儿墙层。1～5 层每层层高为 3.9m，顶层层高 3.6m。室内外高差 0.9m，如图 6-26 所示。

(3) 台阶。由图中可见两个台阶，均为 6 层台阶，台阶顶面标高为±0.00m，如图 6-27 所示。

扩展资源 2.建筑立面图的作用.docx

某学校框架结构.mp4

扩展图片 3 某学校框结构立面图.docx

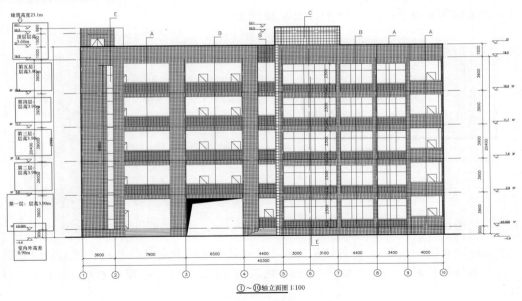

①～⑩轴立面图 1:100

图 6-25　①～⑩轴立面图

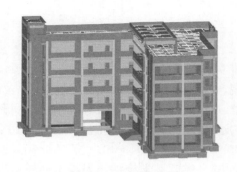

图 6-26 ①～⑩轴三维立面图

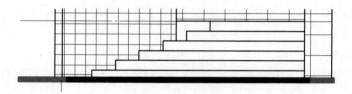

图 6-27 台阶立面示意图

（4）门窗。结合平面图可知，门窗有 4 种尺寸，即 700mm×1800mm、5900mm×2300mm、3600mm×2300mm、3200mm×2300mm。图中②、③轴之间有一个洞口，连接室外与走廊。洞口立面图如图 6-28 所示，三维图如图 6-29 所示。

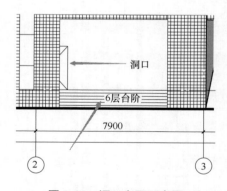

图 6-28 洞口立面示意图

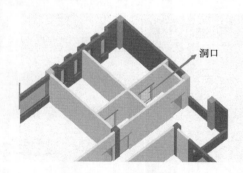

图 6-29 洞口三维示意图

（5）外墙装饰。共有 5 种外墙装饰种类，依次为咖啡色外墙饰面砖、浅灰色外墙饰面砖、白色外墙饰面砖、白色外墙无机涂料和深灰色金属栏杆。位置见 CAD 图中立面材料说明。

6.2.5 建筑剖面图

剖面图是建筑施工图中不可缺少的重要图样之一，主要用来表达建筑物内部垂直方向高度、楼层分层情况及简要的结构形式和构造方式等。某学校钢筋混凝土框架结构剖面图共有两张，分为1—1、2—2剖面图。

剖面图.mp4

1.1—1 剖面图

建筑 1—1 剖面图如图 6-30 所示。

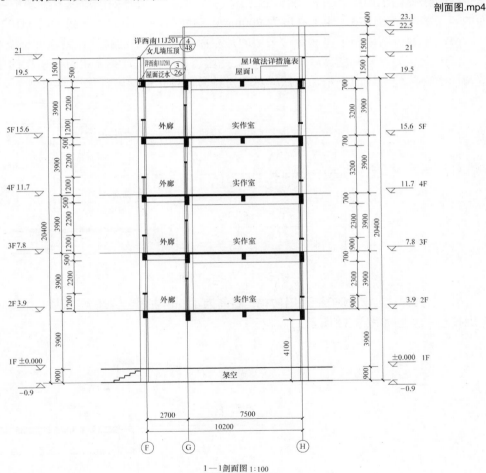

图 6-30　建筑 1—1 剖面图

识图内容如下。

(1) 图名和比例。根据剖面图图名可知剖切位置代号 1—1，在一层平面图中可以找到相应的剖切位置。1—1 剖切位置位于轴线③与轴线④之间，向左边看形成投影。图纸比例为 1∶100。

(2) 层高。建筑剖切由首层到女儿墙层。可以看到建筑共 6 层，1～5 层层高均为 3.9m，屋面层层高为 3.6m。各层的楼板都搁置在两端的梁上，由于比例问题，被剖切的楼板和屋面板均用两条线表示其厚度。每层都标注了板顶标高，室外地坪标高为-0.9m，首层室内标高为±0.00m，建筑最高处顶标高为 23.1m。

(3) 门窗。剖面图Ⓖ轴和Ⓗ轴经过了门窗，结合一层平面图可以看到图中右侧Ⓗ轴上面的 4 条线为窗 C1623，距地高度为 900mm，中间Ⓗ轴上面的 4 条线为门 M1021。

(4) 屋面。图中显示屋面做法采用的是屋面1，屋面 1 的做法详见表 6-5(技术措施表)。

(5) 女儿墙。女儿墙高度为 1.5m，女儿墙压顶的做法详见索引符号所指的位置。女儿墙与屋面交接处有屋面泛水，做法详见索引符号所标示的地方，如图 6-31 所示。

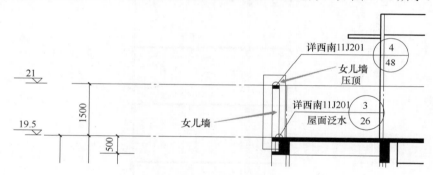

图 6-31　女儿墙剖面示意图

(6) 走廊护栏。走廊护栏采用砖砌，高度为 1.2m，护栏上有现浇压顶，如图 6-32 所示。走廊护栏三维图如图 6-33 所示。

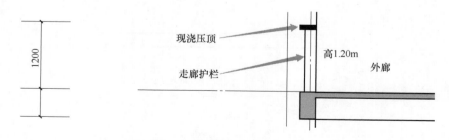

图 6-32　走廊护栏及现浇压顶剖面示意图

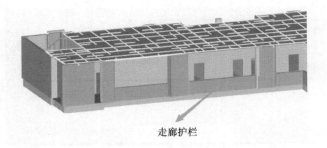

图 6-33　走廊护栏三维示意图

（7）雨篷。图中可见一个雨篷，位于标高 22.5m 处，为楼梯间进入屋面的门上方，如图 6-34 所示。

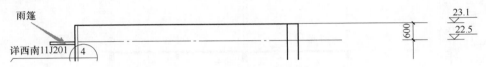

图 6-34　雨篷剖面示意图

（8）详图索引。图中共有两个详图索引符号，为女儿墙压顶和屋面泛水的详图索引，如图 6-35 所示。

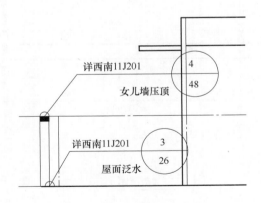

图 6-35　详图索引示意图

2.2—2 剖面图

2—2 剖面图如图 6-36 所示。

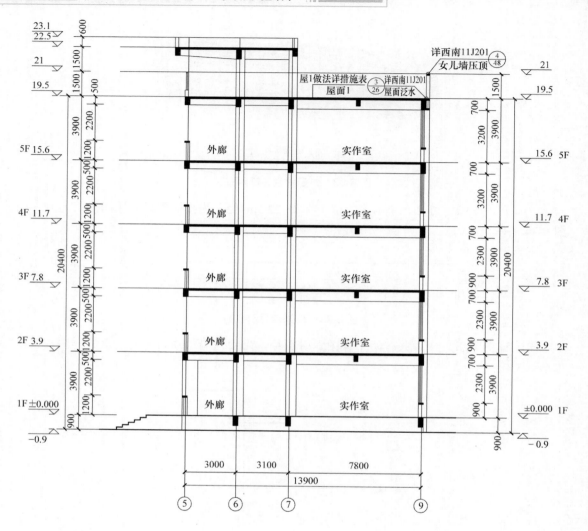

2—2剖面图 1:100

图6-36 2—2剖面图

识图内容如下。

(1) 图名和比例。该图为2—2剖面图，通过一层平面图可以找到剖切位置位于ⓒ、ⓓ轴之间，剖切经过实作室、外廊，图纸比例为1:100。

(2) 标高与层高。室外地坪标高-0.9m，首层标高为±0.000m，二层标高为3.9m，三层标高为7.8m，四层标高为11.7m，五层标高为15.6m，女儿墙层标高为19.5m，局部楼层标高为 22.5m。1～5 层层高均为 3.9m，女儿墙层层高为 3.6m。

(3) 窗。图中所显示窗高度均为 2.3m，距地高度为 0.9m，如图 6-37 所示。

图 6-37　窗剖面示意图

(4) 护栏。走廊护栏为砖砌建筑，高度为 1.2m，⑤轴上方女儿墙层设防护栏杆，栏杆高度为 1.5m，包含栏杆下方基层。

(5) 屋面及女儿墙。图中屋面做法为屋面 1，女儿墙高度为 1.5m，局部突出楼层女儿墙高度为 0.6m。剖面图如图 6-38 所示，三维图如图 6-39 所示。

图 6-38　屋面及女儿墙剖面示意图

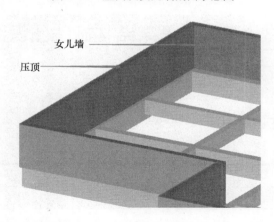

图 6-39　女儿墙及压顶三维示意图

(6) 台阶。图中显示一连接室内外的台阶。台阶共有 6 个踏步，通过室内外高差 0.9m，可知每个踏步高 150mm，如图 6-40 所示。

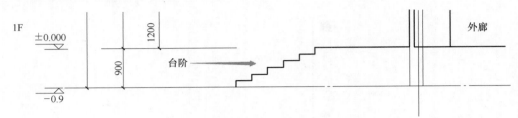

图 6-40　台阶剖面示意图

(7) 详图索引。图中显示的索引符号为 3 个，分别为女儿墙压顶、屋面泛水、屋面 1 做法，如图 6-41 所示。

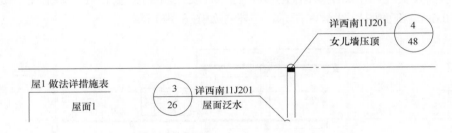

图 6-41　女儿墙压顶、屋面泛水、屋面 1 做法索引示意图

6.3　某学校框架结构施工图识图

6.3.1　图纸目录

某学校宿舍楼结构施工图目录如表 6-6 所示。

表 6-6　某学校宿舍楼结构施工图目录

序　号	图纸名称	图　别	图　号	图　幅
1	结构设计总说明　图纸目录	结施	1/12	A1+
2	基础平面布置图	结施	2/12	A1+
3	柱平法施工图	结施	3/12	A1

续表

序 号	图纸名称	图 别	图 号	图 幅
4	一层梁平法施工图	结施	4/12	A1
5	二层结构平面布置图	结施	5/12	A1
6	二层梁平法施工图	结施	6/12	A1
7	三至五层结构平面布置图	结施	7/12	A1
8	三至五层梁平法施工图	结施	8/12	A1
9	屋面 1 结构平面布置图 屋面 2 结构平面布置图	结施	9/12	A1
10	屋面 1 梁平法施工图 屋面 2 梁平法施工图	结施	10/12	A1
11	1#楼梯详图	结施	11/12	A2+
12	2#楼梯详图	结施	12/12	A2+

6.3.2 柱平法施工图

音频 2：柱平法.mp3

柱平法施工图可以采用列表注写方式或截面注写方式绘制柱的配筋图，可以将柱的配筋情况直观地表达出来。这两种绘图方式均要对柱按类型进行编号，编号由类型和序号组成，如框架柱 1 表示为 KZ1。

柱平法施工图如图 6-42 所示。

识图内容如下。

(1) 图名与比例。该图为柱平法施工图，比例为 1∶100。

(2) 柱数量。该图中共有 38 个柱子，分别为 8 种不同名称，即 KZ1～KZ8。

(3) 柱钢筋的集中标注。KZ1 集中标注信息如图 6-43 所示。

图 6-43 中显示柱名称为框柱 KZ1，截面尺寸为 500mm×500mm；柱子 4 个角角筋为 4 根 HPB400 钢筋，直径 22mm；箍筋为 HPB300 钢筋，直径 8mm，基础顶面至 19.45m 间距为 100mm，19.45～22.45m 加密区间距为 100mm，非加密区间距为 200mm。柱子 B 边和 H 边中部筋均为两根 HPB400 钢筋，直径为 18mm。

(4) 图中显示的所有柱数量及钢筋信息如表 6-7 所示。

扩展图片 4.
KZ1 三维图.docx

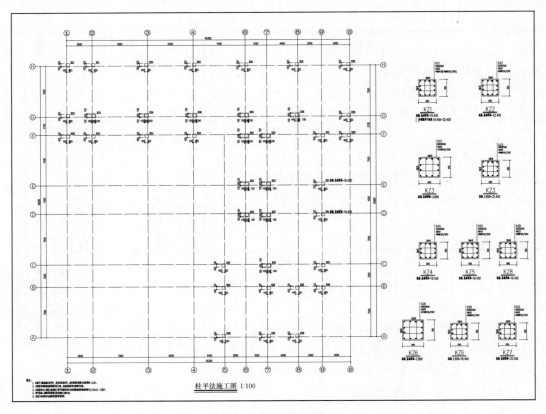

图 6-42　柱平法施工图

KZ1
500X500
4 Φ22
Φ8@100[Φ8@100/200]

2 Φ18

2 Φ18

500

500

KZ1

标高:基础顶面~19.450
[ ]内钢筋用于标高:19.450~22.450

图 6-43　KZ1 集中标注信息

表 6-7　柱数量及钢筋信息

柱名称	截面尺寸 /mm	数量	标高/m	角筋	中部筋	箍　筋
KZ1	500×500	4	基础顶面至 19.45	4Φ22	8Φ18	Φ8@100
			19.45 至 22.45	4Φ22	8Φ18	Φ8@100/200
KZ2	500×500	1	基础顶面至 22.45	4Φ18	8Φ16	Φ8@100/200
KZ3	600×600	8	基础顶面至 3.85	4Φ20	8Φ20	Φ8@100/200
	500×500		3.85 至 22.45	4Φ18	8Φ16	Φ8@100/200
KZ4	500×500	3	基础顶面至 19.45	4Φ18	8Φ16	Φ8@100/200
KZ5	500×500	11	基础顶面至 19.45	4Φ18	8Φ18	Φ8@100/200
KZ6	600×600	4	基础顶面至 3.85	4Φ20	8Φ20	Φ10@100/200
	500×500		3.85 至 19.45	4Φ18	8Φ16	Φ8@100/200
KZ7	500×500	4	基础顶面至 22.45	4Φ18	8Φ18	Φ8@100/200
KZ8	500×500	4	基础顶面至 19.45	4Φ22	8Φ18	Φ8@100/200

6.3.3 ▌ 梁平法施工图

某学校项目梁平法施工图共分一层梁平法施工图(梁顶基准标高-0.55m)、二层梁平法施工图(H=3.85m)、三至五层梁平法施工图(H=7.75m、11.65m、15.55m)、屋面 1 梁平法施工图(H=19.45m)、屋面 2 梁平法施工图(H=22.45m)五张梁平法施工图。接下来主要认识一下各层梁平法施工图(H=3.85m)的识读。

二层梁平法施工图(H=3.85m)如图 6-44 所示。

识图内容如下。

(1) 梁的数量。有 KL1～KL19、L1～L15、XL1 3 种类型的梁共 35 种。图 6-44 中有明确标注。

(2) 梁的集中标注和原位标注识图。KL3 钢筋信息如图 6-45 所示。

集中标注：该梁为框架梁，序号为 3；梁截面宽 300mm，高 700mm；箍筋为 HPB300 钢筋，直径为 8mm，加密区间距为 100mm，非加密区间距为 150mm，均为双肢箍。通长筋为 HPB400 钢筋，直径为 20mm。

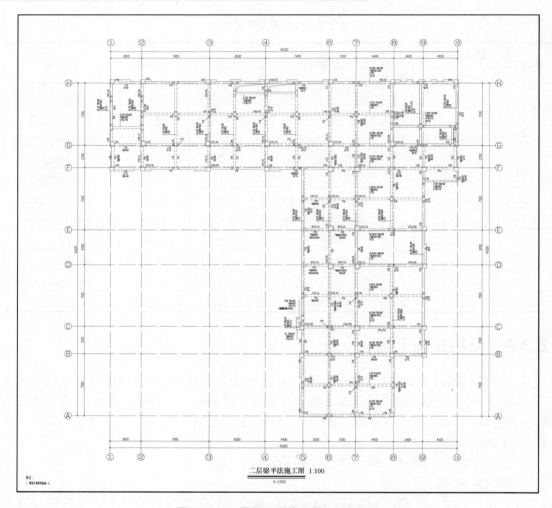

图 6-44　二层梁平法施工图(*H*=3.85m)

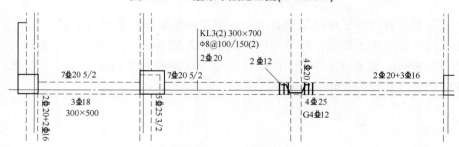

图 6-45　KL3 钢筋信息

原位标注：第一跨，上部纵筋 7Φ20 5/2，表示上一排纵筋为 5Φ20，下一排纵筋为 2Φ20；下部纵筋为 3Φ18；第一跨尺寸为 300mm×500mm。第二跨上部纵筋同第一跨；与次梁交接处有两根 HPB400 钢筋，直径为 12mm 的马凳筋。第三跨，支座上部有 5 根纵筋，两根 HPB400 钢筋，直径 20mm 放在角部；3 根 HPB400 钢筋，直径 16mm 放在中部；下部纵筋为 4 根 HPB400 钢筋，直径 25mm；下部构造筋为 4 根 HPB400 钢筋，直径 12mm。

扩展图片 5：
KL3 三维图.docx

(3) 部分框架梁信息如表 6-8 所示。

表 6-8　部分框架梁信息

梁名称	跨　数	截面尺寸/mm	箍　筋	上部筋	下部筋	构造筋
KL1	2	300×700	Φ8@100/150(2)	2Φ18		G4Φ12
KL2	2	300×700	Φ8@100/150(2)	2Φ20		
KL3	2	300×700	Φ8@100/150(2)	2Φ20		
KL4	2	300×700	Φ8@100/150(2)	2Φ22		
KL5	5	300×500	Φ8@100/150(2)	2Φ22		
KL6	7	300×500	Φ8@100/150(2)	2Φ25		
KL7	2	300×700	Φ8@100/150(2)	2Φ20		
KL8	7	250×550	Φ8@100/150(2)	2Φ22		
KL9	3	250×500	Φ8@100/200(2)	2Φ18		
KL10	5	300×700	Φ8@100/150(2)	2Φ20		
KL11	2A(2+1 悬挑跨)	300×700	Φ8@100/150(2)	2Φ20		

6.3.4　结构平面布置图

楼层结构平面布置图是用一假想水平面在所要表明的结构层面上剖开，移去上部结构向下投影而得到的水平投影图，主要表达建筑物楼层结构的梁、板、柱等构件的位置、数量及连接方法。

某学校框架结构共有二层、三至五层、屋面 1、屋面 2 结构平面布置图。二层结构平面布置图如图 6-46 所示，二层平面布置图三维显示如图 6-47 所示。

识图内容如下。

(1) 图名和比例。该图为层结构平面布置图，比例为 1∶100。

(2) 板配筋。板配筋分为板受力筋、跨板受力筋和板负筋。板钢筋用实线表示，板支座钢筋显示左右标注数据，如图 6-48 所示。

(3) 平面布置。图中显示共有 5 处没有布置板和板配筋，其中两处为楼梯间，一处为通风井，其余架空。风井如图 6-49 所示，架空如图 6-50 所示。

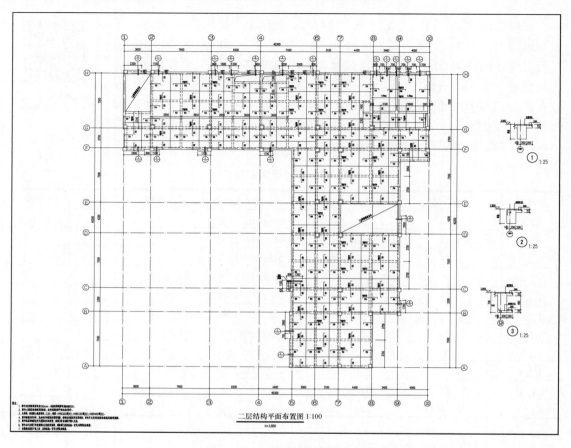

二层结构平面布置图 1:100
H=3.850

图 6-46 二层结构平面布置图

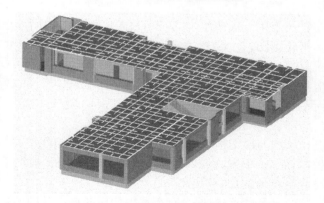

图 6-47 二层结构平面布置图三维显示

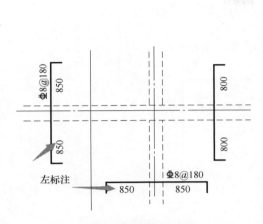

图 6-48　板配筋示意图

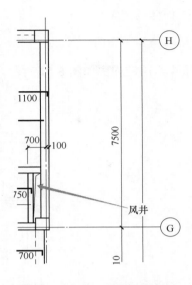

图 6-49　风井平面布置示意图

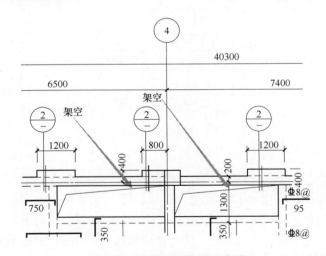

图 6-50　架空平面布置示意图

6.3.5 楼梯结构图

音频 3：楼梯的
分类.mp3

扩展资源 3.
楼梯的形式.docx

　　楼梯结构图主要是表达楼梯的类型、尺寸、配筋构造等情况的图样，包括楼梯结构平面图和楼梯剖面图。

　　某学校框架结构楼梯分为 1# 和 2# 楼梯，1# 楼梯结构图分为一层、二至五层、六层结构平面图和 1#楼梯剖面图。

1. 楼梯结构平面图

1#楼梯六层结构图如图 6-51 所示，1#楼梯三维图如图 6-52 所示。

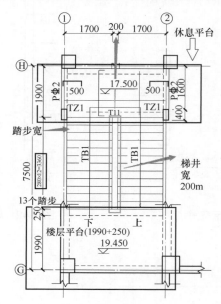

1#楼梯六层结构布置图 1∶50

图 6-51　1#楼梯六层结构布置图

识图内容如下。

(1) 图名和比例。该图为 1#楼梯六层结构布置图，比例为 1∶50。

(2) 轴线。该楼梯位于横轴⑥与⑪之间、纵轴①与②之间。

(3) 标高。图中显示休息平台标高 17.5m，楼层平台标高 19.45m。

(4) 楼梯踏步。该楼梯为双跑楼梯，楼梯踏步板段采用的是 TB1，踏步数为每跑 13 个。踏步宽为 280mm，踏步段总长为 3.36m。梯井宽为 200mm，如图 6-51 所示。三维图如图 6-52 所示。

(5) 平台。楼梯平台分为楼层平台和休息平台。楼层中间的为休息平台，连接楼梯与楼层的为楼层平台。图中休息平台尺寸为 1900mm×3600mm，楼层平台尺寸为 2240mm×3600mm。三维图如图 6-53 所示。

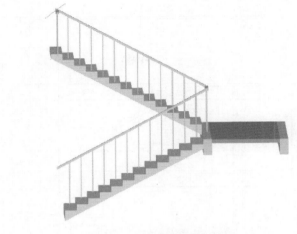

图 6-52 1#楼梯三维图

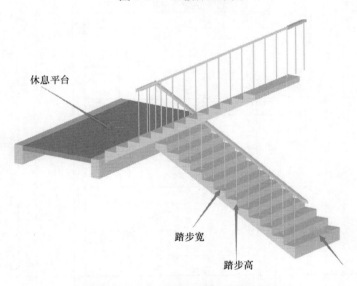

休息平台

踏步宽

踏步高

图 6-53 楼梯踏步、平台三维示意图

(6) 梯梁和梯柱。该楼梯显示为两个梯柱为 TZ1，一个梯梁为 TL1，一个平台梁为 PL1，如图 6-51 所示。

2. 楼梯剖面图

1#楼梯剖面图如图 6-54 所示。

243

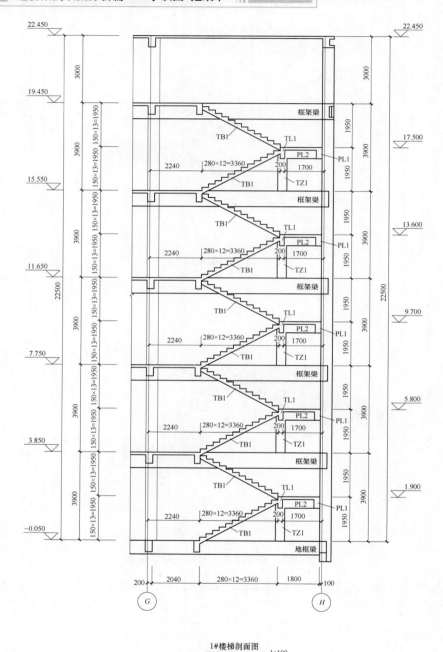

1#楼梯剖面图 1:100

图 6-54 1#楼梯剖面图

识图内容如下。

(1) 图名和比例。该图为 1#楼梯剖面图，比例为 1∶100。

(2) 标高与层高。该图显示共 5 层，层底标高分别为-0.05m、3.85m、7.75m、11.65m、15.55m、19.45m。每层层高均为 3.9m。

(3) 楼梯。每层楼梯均为标准双跑楼梯。楼梯共有 13 个踏步，每个踏步高 150mm，踏步宽为 280mm。踏步板均采用 TB1，如图 6-55 所示。

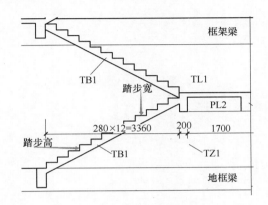

图 6-55　楼梯示意图

(4) 梁和柱。该图显示每层均采用框梁，首层底部为地框梁，其余为框架梁。每层休息平台下有梯柱 TZ1 和平台梁 PL1 和 PL2。TZ1 与框梁连接，传递所受的力，如图 6-56 所示。

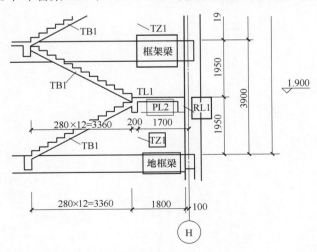

图 6-56　梁和柱示意图

第 7 章　某工业厂房钢结构工程

7.1 某工业厂房建筑施工图识图

7.1.1 图纸目录

本章以一个典型的门式刚架建筑施工图和结构施工图的识读为例进行讲解。

图纸目录主要是对本工程图纸的编号、内容、图纸尺寸、版本号的说明，使查阅者查阅图纸目录后能按照自己的需要翻阅相关图纸，同时也可使查阅者对整套图样有个明确的了解，如图 7-1 所示。从图中可知，图样目录包括设计总说明、装修说明、总平面图、一层平面图、二层平面图、屋顶平面图、立面图及楼梯大样图等。图 7-1 所示为某公司水产品分拣交易中心建筑施工图图纸目录。

图纸目录			工程编号	
			专业	建筑
建设单位			共 页 第 页	
工程名称	×公司水产品分拣交易中心		年 月 日	
序号	图号	图纸名称	图纸尺寸	版本号 备注
1	首页 01	封面图纸目录	A4	A版
2	建筑 01	建筑设计说明	A2	A版
3	建筑 02	一层平面图	A1	A版
4	建筑 03	4.500m处平面图	A1	A版
5	建筑 04	屋面排示意图	A1	A版
6	建筑 05	立面图1—1剖面图	A1	A版
盖章		项目负责人 审核 校对 填表人 审定		

图 7-1 建筑施工图图纸目录

扩展资源 1.设计总说明的内容.docx

7.1.2 建筑设计总说明

建筑设计总说明主要是对项目的设计依据、项目概况、分项工程(如基础、墙体、屋面、装修、设备及施工中的注意事项)等进行交代与说明，图 7-2 所示为某公司水产品分拣交易中心建筑施工图的建筑设计总说明。

图 7-2　建筑设计总说明

从图 7-2 中可以看出以下内容。

(1) 建筑总高度为 9.800m(室外地坪-0.300m 至檐口标高)。

(2) 总建筑面积：10800.00m²。

(3) 建筑结构形式：钢结构。

(4) 结构安全等级：二级。

(5) 抗震设防烈度：7 度；抗震设防分类：丙类。

(6) 基础类型：独立基础。

7.1.3 一层平面图

图 7-3 所示为一层平面图，从中可以看出以下内容。

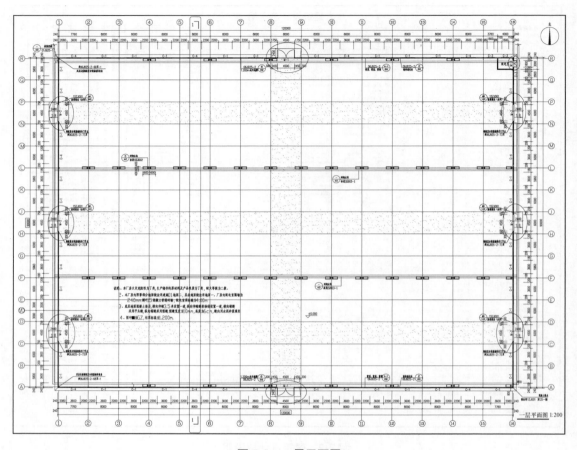

图 7-3　一层平面图

（1）由图 7-3 可知，图纸绘制比例是 1：200，平面尺寸为 120000mm×90000mm。

（2）在南北两侧Ⓐ、Ⓡ轴线中部各设有一个平开门，东西两侧①、⑯轴线上各设有 3 个卷帘门，⑯轴线上还设有一个平开门。

（3）结合图 7-2 中的门窗表，可知窗和门的类型(共有 7 种)及其各自的尺寸样式。

（4）为表示建筑在侧面和端部的建筑效果及细节，在一层平面图中进行了一个剖面划分，相应的剖面图如图 7-3 中的 1—1 剖面图所示。

7.1.4　建筑立面图、剖面图

图 7-4 是该厂房的立面图、剖面图。

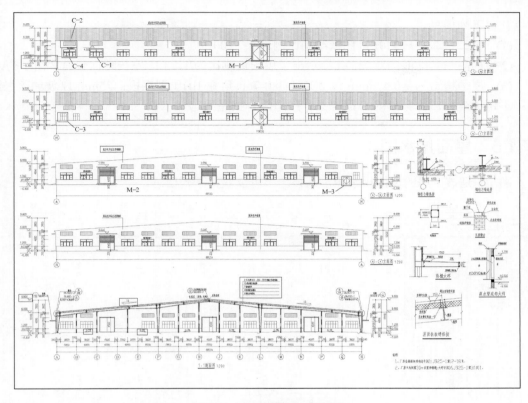

图 7-4　厂房立面图、剖面图

1. 从立面图上可以获得的信息

图 7-4 中有厂房的横向剖面图，从该图中可以获得下列信息。

(1) 室内外高差是 300mm；由 $\underline{\text{Ⓐ~Ⓡ 立面图}}$ 1:200、$\underline{\text{Ⓡ~Ⓐ 立面图}}$ 1:200 可知，图纸绘制比例是 1：200。

(2) 各轴线上门窗数目与尺寸，门窗宽度与图 7-3 一层平面图中数据相对应，其中：

Ⓐ轴线上设有一扇平开门、14 扇窗；

Ⓡ轴线上设有一扇平开门、15 扇窗；

⑯轴线上设有 3 扇卷帘门和 1 扇平开门、12 扇窗；

①轴线上设有 3 扇卷帘门、11 扇窗。

(3) 外墙的主色调为深灰色。

2. 从剖面图上可以获得的信息

图 7-4 中有厂房的 1—1 剖面图，对应图 7-3 中剖切符号 1—1 位置的剖面图。从该图中

可以获得下列信息。

(1) 由 1—1剖面图 1:200 可知，图纸绘制比例是 1：200。

(2) 标高与其立面图对应，并标示出了屋顶坡度比为 1：12，室内地面设有 3% 的坡度。

(3) 屋顶构造为：0.476mm 厚 YX51-380-760(角弛 III)压型钢板；75mm 厚玻璃丝保温棉；不锈钢丝网；冷弯薄壁 C 型檩条；H 型组合钢屋架。

7.1.5 屋面排水图

图 7-5 是该厂房的屋面排水图，从该图中可以获得下列信息。

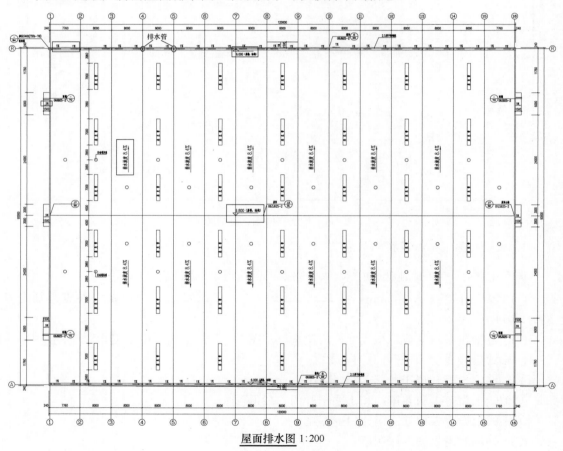

屋面排水图 1：200

图 7-5 屋面排水图

(1) 由 屋面排水图 1:200 可知，本图绘制比例为 1：200。

(2) 屋顶横向排水坡度为 1%，纵向排水坡度为 8.4%，每侧设有 16 个排水管；建筑四周的 6 个卷帘门和两个平开门上各有一个雨棚，雨棚的排水坡度为 5%。

(3) 结合立面图可知，屋脊处标高为 9.800m，屋檐标高为 6.000m。

7.2 某工业厂房结构施工图识图

7.2.1 图纸目录

音频 2：钢结构施工
图的基本规定.mp3

图 7-6 所示为结构施工图图纸目录。从图中可知，全套结构施工图包括图纸目录、结构设计说明、基础布置图、柱平面定位图、锚栓平面定位图、屋面结构布置图、屋面檩条布置图、柱间支撑布置图、墙面檩条布置图、GJ1 图、GJ2 图、GJ3 图和大样图。

图纸目录			工程编号	
			专业	结构
建设单位			共 页 第 页	
工程名称	×公司水产品分拣交易中心		年 月 日	

序号	图号		图纸名称	图纸尺寸	版本号	备注
1	首页	00	封面 图纸目录	A4	A版	
2	结构	01	结构设计说明	A1	A版	
3	结构	02	基础布置图	A1	A版	
4	结构	03	柱平面定位图	A1	A版	
5	结构	04	锚栓平面定位图	A1	A版	
6	结构	05	屋面结构布置图	A1	A版	
7	结构	06	屋面檩条布置图	A1	A版	
8	结构	07	柱间支撑布置图 墙面檩条布置图	A1	A版	
9	结构	08	GJ1	A0	A版	
10	结构	09	GJ2	A0	A版	
11	结构	10	GJ3	A0	A版	
12	结构	11	大样图	A1	A版	

盖章	项目负责人	审核	校对	填表人	审定

图 7-6 结构施工图图纸目录

7.2.2 结构设计说明

图 7-7 是结构设计说明，该图的主要内容如下。

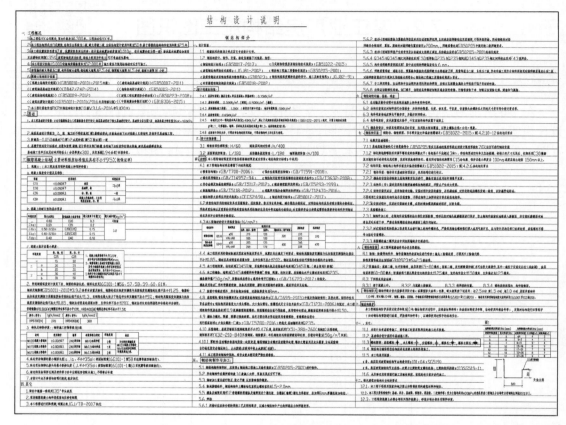

图 7-7 结构设计说明

音频 3：钢结构的焊接性能.mp3

扩展资源 3.钢结构的易腐蚀性.docx

扩展资源 2.钢结构的特点.docx

音频 1：钢结构的耐久性.mp3

(1) 工程概况。

① 本工程位于某公司院内，室内外高差为 0.300m，工程地点位于某市。

② 本工程结构形式为门式刚架，结构安全等级为二级，耐火等级为二级，主体结构设计使用年限为 50 年；易于替换的结构构件使用年限为 25 年。

③ 本工程抗震设防烈度为 7 度，抗震设防类别为丙类，设计基本地震加速度值为 0.010g，设计地震分组为第一组；

建筑场地类别为Ⅲ类，场地土类别为中软土。

④ 本工程设计标高±0.000m，依据地质勘查报告为52.000m。

⑤ 建筑物的耐火等级为二级，构件的耐火极限：钢柱耐火极限为 2.5h，钢梁耐火极限为 1.5h，板耐火极限为 1h。

(2) 混凝土以及钢结构的设计依据。

(3) 对该工程的地基基础进行了说明。

(4) 对该工程的钢筋混凝土结构进行了说明。

(5) 对结构设计中的荷载取值进行了说明。

(6) 对设计的控制参数进行了说明。

(7) 对该工程的材料进行了说明。

(8) 对该工程的钢结构的制作、运输、加工、安装、涂装、防火、维护等进行了说明。

7.2.3 基础布置图

图 7-8 所示为基础布置图，按从整体到细部的识读次序介绍如下。

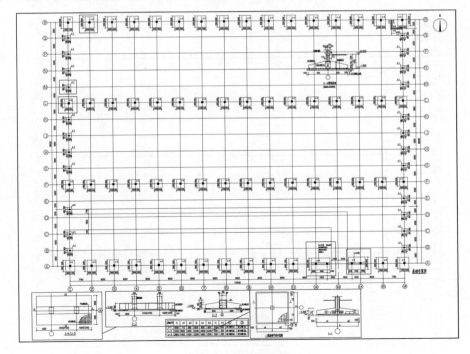

图 7-8 基础布置图

(1) 采用柱下独立基础，其类型共计五类，分别是 J-1、J-2、J-3、J-4、J-5。

其中 J-1、J-2、J-3 的尺寸配筋详见图 7-8 中的基础尺寸表和 I 型基础平面示意图。

① J-1 尺寸为 1600mm×1600mm，配筋为 X 向钢筋 Φ12@150、Y 向钢筋 Φ12@150。

② J-2 尺寸为 3200mm×4200mm，配筋为 X 向钢筋 Φ14@100、Y 向钢筋 Φ14@100。

③ J-3 尺寸为 2800mm×3200mm，配筋为 X 向钢筋 Φ14@100、Y 向钢筋 Φ14@100。

(2) 图左下方给出了 J-4 和 J-5 的尺寸和配筋信息。

① J-4 尺寸为 5700mm×3800mm，配筋为 X 向钢筋 Φ12@200、Y 向钢筋 Φ14@100。

② J-5 尺寸为 6900mm×3800mm，配筋为 X 向钢筋 Φ12@200、Y 向钢筋 Φ14@100。

7.2.4 柱平面定位图

图 7-9 所示为柱平面定位图，从图中可以看出以下几点。

扩展图片 1.
柱定位筋.doc

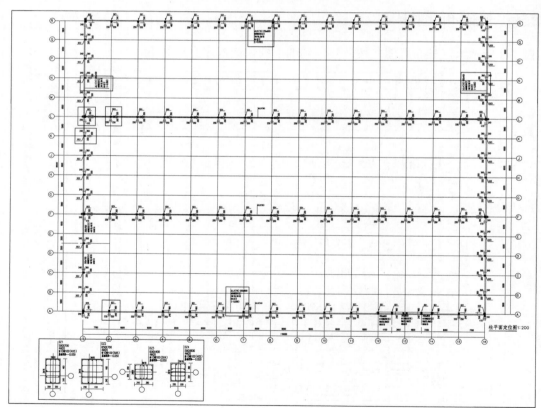

图 7-9 柱平面定位图

(1) 由 <u>柱平面定位图</u>1:200可知，本图绘制比例为 1∶200。

(2) 该工程共有 4 种柱，分别为 DZ1、DZ2、DZ3、DZ4，如图 7-10 所示。

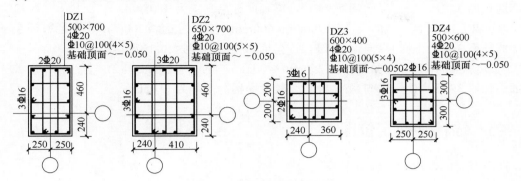

图 7-10　柱尺寸及配筋标注

其尺寸及配筋如下。

① DZ1：底面尺寸为 500mm×700mm，标高为从基础顶面到-0.050m，角筋为 4Φ20，b 边一侧中部筋为 2Φ20，h 边一侧中部筋为 3Φ16，箍筋为 Φ10@100(4×5)。

② DZ2：底面尺寸为 650mm×700mm，标高为从基础顶面到-0.050m，角筋为 4Φ20，b 边一侧中部筋为 3Φ20，h 边一侧中部筋为 3Φ16，箍筋为 Φ10@100(5×5)。

③ DZ3：底面尺寸为 600mm×400mm，标高为从基础顶面到-0.050m，角筋为 4Φ20，b 边一侧中部筋为 3Φ16，h 边一侧中部筋为 2Φ16，箍筋为 Φ10@100(5×4)。

④ DZ4：底面尺寸为 500mm×600mm，标高为从基础顶面到-0.050m，角筋为 4Φ20，b 边一侧中部筋为 2Φ16，h 边一侧中部筋为 3Φ16，箍筋为 Φ10@100(4×5)。

(3) 该工程共有 4 种地梁，分别为 JLL1、JLL2、JLL3、JLL4，如图 7-11 所示。

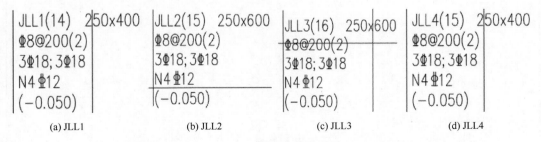

(a) JLL1	(b) JLL2	(c) JLL3	(d) JLL4

图 7-11　地梁尺寸及配筋标注

其尺寸及配筋如下。

① JLL1：14 跨，截面尺寸为 250mm×400mm，箍筋为 Φ8@200(2)，上部通长筋 3Φ18，

下部通长筋 3⾪18，受扭纵向钢筋 4⾪12，梁顶面标高高差为-0.050m。

② JLL2：15 跨，截面尺寸为 250mm×600mm，箍筋为 ⾪8@200(2)，上部通长筋 3⾪18，下部通长筋 3⾪18，受扭纵向钢筋 4⾪12，梁顶面标高高差为-0.050m。

③ JLL3：16 跨，截面尺寸为 250mm×600mm，箍筋为 ⾪8@200(2)，上部通长筋 3⾪18，下部通长筋 3⾪18，受扭纵向钢筋 4⾪12，梁顶面标高高差为-0.050m。

④ JLL4：15 跨，截面尺寸为 250mm×400mm，箍筋为 ⾪8@200(2)，上部通长筋 3⾪18，下部通长筋 3⾪18，受扭纵向钢筋 4⾪12，梁顶面标高高差为-0.050m。

7.2.5 锚栓平面定位图

图 7-12 所示为锚栓平面定位图。

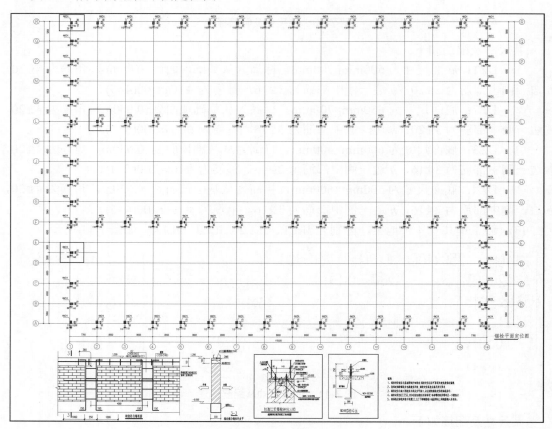

图 7-12 锚栓平面定位图

　　柱脚锚栓布置图表达每根柱子的柱脚锚栓的定位，需要与基础图结合，每个尺寸必须准确无误，方能保证钢结构的顺利安装，所以在预埋锚栓时施工人员应特别注意。

(1)　图中共有 88 个柱脚。

(2)　钢架柱共有 3 种柱脚锚栓，每个柱脚均有 4 个直径 24mm 的锚栓，如图 7-13 所示。

　　其中Ⓐ、Ⓡ轴线上的螺栓间距是沿横向轴线为 260mm，沿纵向定位轴线的距离为 220mm。

　　①、⑯轴线上的螺栓间距是沿横向轴线为 140mm，沿纵向定位轴线的距离为 220mm。

　　Ⓕ、Ⓛ轴线上的螺栓间距是沿横向轴线为 170mm，沿纵向定位轴线的距离为 220mm。

扩展图片 2.
锚栓.docx

(a) Ⓐ、Ⓡ轴线上的螺栓　　　　(b) ①、⑯轴线上的螺栓　　　　(c) Ⓕ、Ⓛ轴线上的螺栓

图 7-13　螺栓的间距

(3)　如图 7-14 和图 7-15 所示，锚栓的锚固长度都是 700mm，柱底焊接抗剪件为 10 号工字钢(山墙抗风柱钢架柱脚螺栓连接无抗剪件)，柱脚底板的标高为±0.000m。

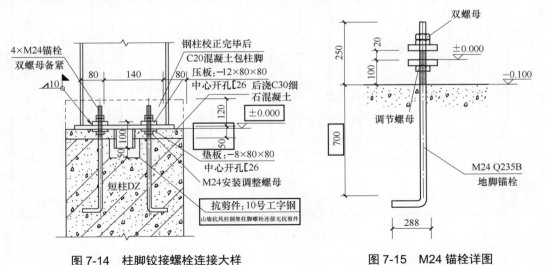

图 7-14　柱脚铰接螺栓连接大样　　　　　图 7-15　M24 锚栓详图

(4)　柱底垫板尺寸为 8mm×80mm×80mm(中心开孔[26mm)。

(5) 钢柱经检测和校正几何尺寸确认无误后，采用 C20 混凝土包柱脚。

7.2.6 ▌屋面结构布置图

图 7-16 所示为屋面结构布置图，从图中可以看出以下几点。

(1) ⓇΑ轴上可以看到 3 种型号的梁，编号为 GJ1、GJ2、GJ3。

①轴线上是 GJ1，材质为 Q345B；②～⑮轴线上是 GJ2，材质为 Q345B；⑯轴线上是 GJ3，材质为 Q345B。

(2) LL1 的规格尺寸为 $\phi114\times3.0$，材质为 Q235B；SC 的规格尺寸为 $\phi22$，材质为 Q235B。

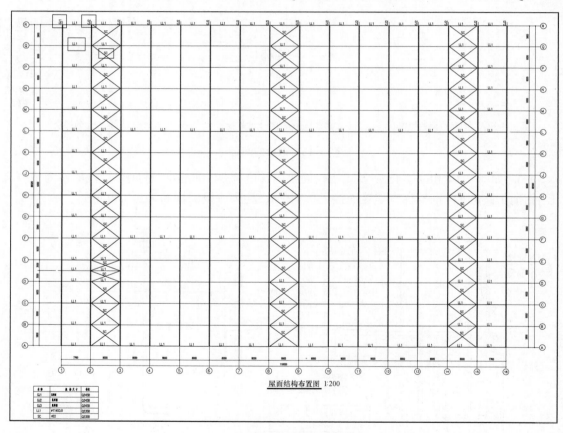

屋面结构布置图 1:200

图 7-16　屋面结构布置图

7.2.7 屋面檩条布置图

屋面檩条布置图包含的构件有檩条、拉条及水平支撑等，在施工图中必须将相应的杆件、材料布置绘制清楚。图 7-17 所示为屋面檩条布置图，从该图中可以获得下列信息。

扩展图片 3. 檩条.docx

(1) 图中轴线①～⑯表示屋架的位置，檩条之间采用拉条连接。拉条分为直拉条(LT)和斜拉条(XT)。斜拉条一般布置在屋脊处和檐口处，直拉条在屋脊处和檐口处用撑杆(CG)代替，以便其承受可能的压力，保持檐口处和屋脊处檩条的稳定和屋面平面内的刚度。

(2) 门式刚架檩条有两种：中间跨檩条截面尺寸为 XZ250×75×20×2.2，中间跨支座搭接长度：1.000m(支座两边均分)，间距8000mm 布置；边跨檩条截面尺寸为XZ250×75×20×2.2，边跨支座搭接长度：1.000m(支座两边均分)，间距为 7760mm 布置。

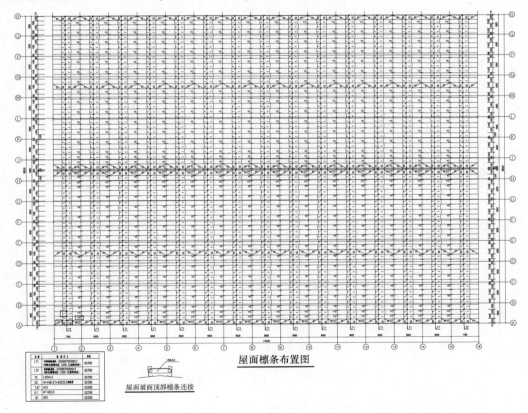

图 7-17　屋面檩条布置图

(3) 檩条间设有以下构件。

隔撑(YC)，规格为 L50×4.0，材质为 Q235B。

撑杆(CG)，规格为 φ14(M12)+φ32×2.5 钢套管，材质为 Q235B。

撑杆(CG)，规格为 φ14(M12)+φ32×2.5 钢套管，材质为 Q235B。

拉条(T)、屋脊处设有斜拉条(XT)，规格为 φ12，材质为 Q235B。

水平支撑(SC)，规格为 φ22，材质为 Q235B。

7.2.8 柱间支撑布置图、墙面檩条布置图

图 7-18 所示为柱间支撑布置图、墙面檩条布置图，从图中可以看出以下内容。

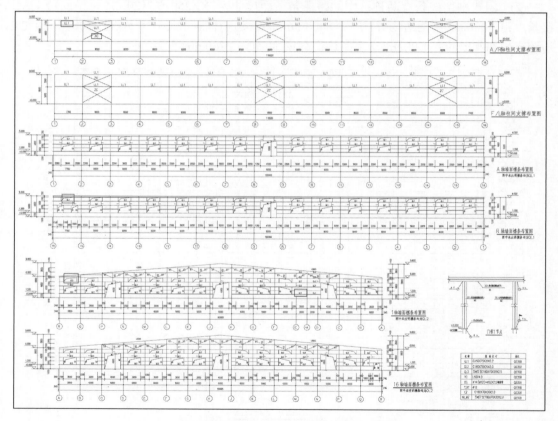

图 7-18　柱间支撑布置图、墙面檩条布置图

在有屋面支撑的相应柱间布置柱间支撑。

(1) Ⓐ～Ⓡ轴、Ⓕ～Ⓛ轴柱间支撑布置图，图示内容如下。

① LL1 的标高为 4.600m 和 6.000m，规格为 Φ114×3.0 的无缝钢管，材质为 Q235B。每个柱间均设。

② ZC 是柱间支撑的简称，规格为 C180×70×20×2.0，材质为 Q235B。

(2) ①轴墙面檩条、⑯轴墙面檩条布置图，图示内容如下。

① QL1 是墙面檩条，规格为 C250×75×20×2.2，材质为 Q235B。

② QL2 是墙面檩条，规格为 C180×70×20×2.0，材质为 Q235B。

③ QL3 是墙面檩条，规格为 C180×70×20×2.5，材质为 Q235B。

7.2.9 大样图

图 7-19 所示为大样图，从图中可以看到连梁连接示意图、雨篷梁接柱示意图、隔撑详图、檩条连接详图、圆钢柱间支撑或屋面水平支撑连接详图、屋面屋脊处拉条连接示意图、屋面檐口处斜拉条连接示意图。

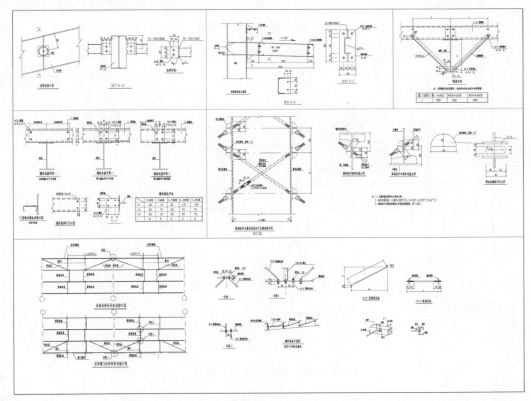

图 7-19　大样图

(1) 连梁连接示意图如图 7-20 所示。

由节点详图可知，该节点连梁截面为内径 100mm、厚 3mm 的钢管，与屋面梁在距屋面梁梁顶 150mm 处连接。用直径为 16mm 螺栓进行连接。

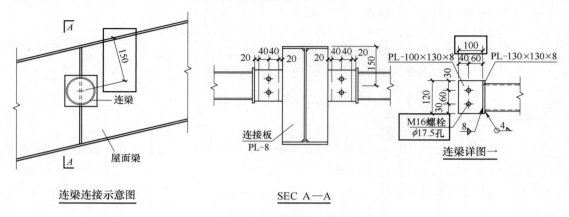

图 7-20　连梁连接示意图

(2) 雨篷梁接柱示意图如图 7-21 所示。

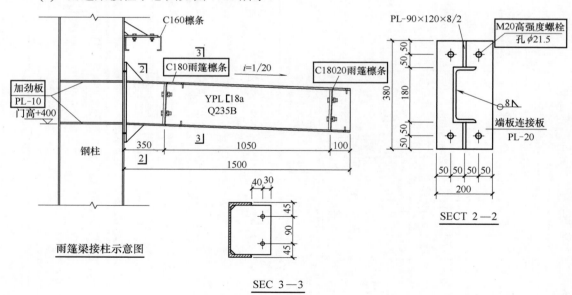

图 7-21　雨篷梁接柱示意图

柱采用 PL-10 加劲板，连接部采用 C180 雨篷檩条和 C18020 雨篷檩条，雨篷梁与钢柱通过 4 个 M20 高强度螺栓连接，通过立面图中的尺寸标注可以得到螺栓的具体分布。

(3) 隅撑详图如图 7-22 所示。

在钢结构的实际施工中,当结构某方向刚度较弱时,为了提高结构的稳定性,通常会沿刚度较弱的方向设置支撑。支撑体系的布置可以很好地将施加在结构上的各种水平荷载传递到基础,提高结构的承载力。

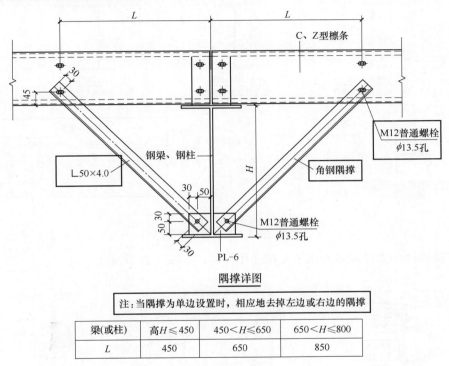

隅撑详图

注:当隅撑为单边设置时,相应地去掉左边或右边的隅撑			
梁(或柱)	高$H \leqslant 450$	$450 < H \leqslant 650$	$650 < H \leqslant 800$
L	450	650	850

图 7-22　隅撑详图

支撑体系中隅撑通常是通过螺栓连接,通过两点连接钢梁或钢柱与檩条进行支撑。角钢隅撑 L50×4.0 且钢梁或钢柱通过两个 M12 普通螺栓连接檩条并加固。当隅撑为单边设置时,相应地去掉左边或者右边的隅撑。

(4) 檩条连接详图如图 7-23 所示。

① 檩条连接详图一:连续檩条用于中间跨檩条连接,Z 型檩条用 4 个 M12 螺栓连接。两螺栓间距 h_1、螺栓距边的距离 h_2 和 h_3 根据檩托板选用表檩条的类型确定。

② 檩条连接详图二:简支檩条用于中间跨檩条连接,C 型檩条用 4 个 M12 螺栓连接檩托板。两螺栓间距 h_1、螺栓距边的距离 h_2 和 h_3 根据檩托板选用表檩条的类型确定。

③ 檩条连接详图三:简支檩条用于墙面端跨檩条连接,C 型檩条用 4 个 M12 螺栓连接檩托板。两螺栓间距 h_1、螺栓距边的距离 h_2 和 h_3 根据檩托板选用表檩条的类型确定。

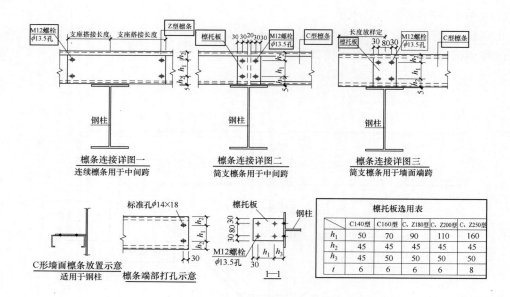

图 7-23　檩条连接详图

（5）圆钢柱间支撑或屋面水平支撑连接详图，如图 7-24 所示。

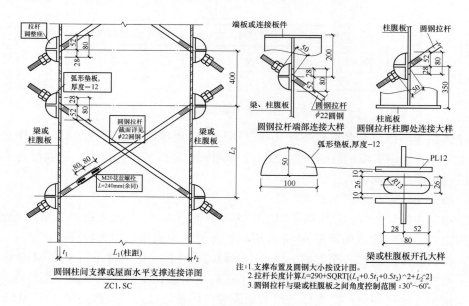

注：1. 支撑布置及圆钢大小按设计图。
2. 拉杆长度计算 $L=290+\mathrm{SQRT}[(L_1+0.5t_1+0.5t_2)^2+L_2^2]$。
3. 圆钢拉杆与梁或柱腹板之间角度控制范围：$30°\sim60°$。

图 7-24　圆钢柱间支撑或屋面水平支撑连接详图

采用圆钢拉杆 φ22 圆钢,用于柱间支撑或屋面水平支撑,外部设置拉杆调整座,并采用弧形垫板厚度-12mm,圆钢拉杆设置 M20 花篮螺栓。圆钢拉杆与梁或柱腹板之间角度控制范围为 30°～60°。

(6) 屋面屋脊处拉条连接示意图和屋面檐口处斜拉条连接示意图,如图 7-25 所示。

① 屋面屋脊处拉条连接详图一:两根圆钢斜拉条用螺栓固定,两螺栓间放置檩托板和檩条腹板。

② 屋面檐口处斜拉条详图二:檩条腹板分别与两根圆钢斜拉条、撑杆、圆钢直拉条连接,并将两螺栓在檩条腹板上下固定。

③ 屋面檐口处斜拉条详图三:檩条腹板分别与两根圆钢直拉条相连接,两个螺栓固定。

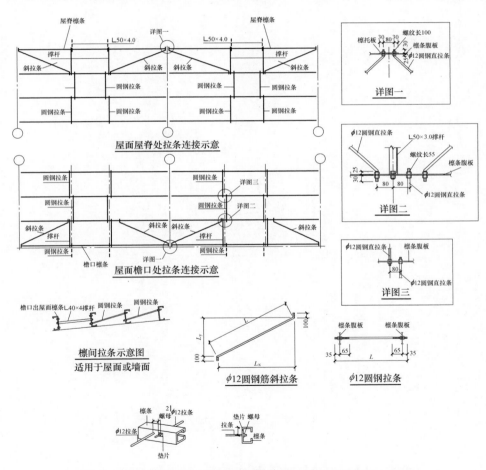

图 7-25　屋面屋脊处拉条连接示意图和屋面檐口处斜拉条连接示意图

第 8 章 某售楼部样板间装修工程

8.1 图纸分类与目录

音频 1：室内建筑 扩展资源 1.装饰
装饰工程图.mp3 施工图分类.docx

施工图首页一般包括图纸目录、设计说明、工程做法说明和门窗表等，用表格或文字说明。

1. 图纸分类和编排顺序

室内设计图纸是表达建筑室内装饰造型和构造情况的图纸，内容较多，且专业性很强。识读图纸必须首先了解室内设计图纸的分类及编排次序。

1) 图纸分类

从室内设计工作开展的阶段来看，室内设计从构思到定案需绘制各种形式的设计图。一般程序是在受到设计委托后，设计者即开始着手进行设计绘图，通常是自己先画简图推敲设计思路。而后，提交一份初步的设计图与委托方商讨并加以修正，待设计定案后再绘制更深入翔实的设计图纸。定案前的初步设计图，常称为设计方案图。方案图是设计者在设计过程中从推敲设计和征求意见的目的出发，依据设计创意绘制的图样，这个阶段的图样往往无须深入表现装修细部构造、材料和尺寸。而最后供装饰装修工程施工现场实际使用的设计图称为装饰施工图。其实施工图就是在确定的设计方案图基础上，针对工程施工需要来绘制的详细图样，图面上需详尽标明装修各部分形状、结构、尺寸、色彩及材料做法等，作为组织和指导装饰工程施工的主要依据。

从图纸所表明的内容性质分类，可分为两类：一类为全局性图纸，它是表明全局性内容的图纸，如平面图、立面图等；另一类为局部性图纸，它是用来表明装饰工程中某一局部或某一构配件的图纸，主要包括各类详图。

2) 图纸编排次序

图纸的编排次序是有严格规定的。通常全套建筑室内装饰工程图纸的编排次序是图纸目录、设计说明、平面布置图、顶棚平面图、立面图(剖立面图)和详图等。

扩展资源 2. 音频 2：装饰平面
装饰平面图的 图的内容.mp3
识图步骤.docx

3) 整套图纸的识读

(1) 识读图纸需按次序进行。识读整套图纸，必须循序渐进，按照图纸编排的先后次序进行，应由整体到局部、从粗到细逐步加深理解。

(2) 注意各类图纸的内在联系。整套设计图纸，是由不同内容的众多图纸综合组成，图与图之间有着密切的联系，因此看图时要注意相互配合，加以对照，以防差错和遗漏。

(3) 注意设计变更情况。设计图纸在施工时，有时会遇到一些情况而随之会有修改，故在读图时要注意设计修改图纸和设计变更备忘录等补充说明内容，避免发生差错。

2. 图纸目录与说明

1)　图纸目录

一套完整的设计图通常图纸数量较多，为了方便查找与存档管理，就需要制定相应的目录。图纸目录又称为"标题页"，是设计图纸的汇总说明表，也是为了便于阅图者对整套图样有一个概略了解和方便查找图样。图纸目录若处理成表格的形式，则更加简明、清晰。其内容应包括图纸编号、图纸名称、图幅大小、专业类别、图纸张数等项目。图 8-1 所示为某售楼部样板间装修工程的部分图纸目录。

图号 SHEET No.	图纸名称 DESCRIPTION	比例 THE PROPORTION	出图日期 RELEASE DATE
M-01	目录	–	10/07/2018
M-02	设计说明（一）	–	10/07/2018
M-03	设计说明（二）	–	10/07/2018
M-04	设计说明（三）	–	10/07/2018
M-05	设计说明（四）	–	10/07/2018
M-06	材料表		10/07/2018
A-P01	A 户型原始平面图	1：40	10/07/2018
A-P02	A 户型平面布置图	1：40	10/07/2018
A-P03	A 户型墙体定位图	1：40	10/07/2018
A-P04	A 户型墙体完成面定位图	1：40	10/07/2018
A-P05	A 户型墙体索引图	1：40	10/07/2018
A-P06	A 户型地面铺装图	1：40	10/07/2018
A-P07	A 户型天花布置图	1：40	10/07/2018
A-P08	A 户型天花与家具对比图	1：40	10/07/2018
A-P09	A 户型灯具定位图	1：40	10/07/2018
A-P10	A 户型综合天花图	1：40	10/07/2018
A-P11	A 户型开关点位图	1：40	10/07/2018
A-P12	A 户型机电点位图	1：40	10/07/2018
A-P13	A 户型立面索引图	1：40	10/07/2018
A-E01	A 户型客厅立面图	1：30	10/07/2018
A-E02	走廊及阳台立面图	1：30	10/07/2018
A-E03	A 户型儿童房立面图	1：30	10/07/2018
A-E04	A 户型厨房立面图	1：30	10/07/2018
A-E05	A 户型卫生间立面图	1：30	10/07/2018
A-E06	A 户型次卧室立面图	1：30	10/07/2018
A-E07	A 户型主卧室立面图	1：30	10/07/2018

图 8-1　某售楼部样板间装修工程的部分图纸目录

2)　设计说明、施工说明

在提交设计方案时，设计者往往将一些无法用图线充分表达的资料通过文字来说明，用于介绍设计创意、表现手法及规划目的等内容，这就是设计说明。而施工说明主要是对图样上未能详细注写的装饰用料和施工做法等的要求作出具体的文字说明。设计说明、施工说明一般放在整套设计图纸的前面。

8.2　住宅 A 户型施工图

装饰施工图.mp4

8.2.1　装饰施工图

1. 概述

20 世纪 90 年代以来，随着社会的进步和物质的丰富，人们对居住环境的要求越来越高，我国室内装饰业迅猛发展。无论是公共建筑还是居住建筑，其室内外空间设计、装饰材料的种类、施工工艺及其做法、灯光音响、设备布置等都日新月异。而这些复杂的装饰设计内容依然要靠图纸来表达，从而使"装饰施工图"从建筑施工图中分离出来，成为建筑装修的指导性文件。

1）装饰施工图的形成与特点

装饰施工图是设计人员根据投影原理并遵照建筑及装饰设计规范所编制的用于指导装饰施工、生产的技术性文件。它既是用来表达设计构思、空间布置、构造做法、材料选用、施工工艺等的技术性文件，也是进行工程造价、工程监理等工作的主要技术依据。

由于装饰设计通常都是在建筑设计的基础上进行的，所以装饰施工图和建筑施工图密切相关，两者既有联系又有区别。装饰施工图和建筑施工图都是用正投影原理绘制的用于指导施工的图样，装饰施工图主要反映的是建筑表面的装饰内容，其构成和内容复杂，多用文字和符号作辅助说明。其在图样的组成、施工工艺以及细部做法的表达等方面都与建筑施工图有所不同。

2）装饰施工图的主要特点

(1) 装饰施工图采用了和建筑施工图相同的制图标准。

(2) 装饰施工图表达的内容很细腻、材料种类繁多，所以采用的比例一般都较大。

(3) 装饰施工图中采用的图例符号尚未完全规范。

(4) 装饰施工图中常采用文字注写来补充图的不足。

3）装饰施工图的图样组成

(1) 装饰平面图。

(2) 装饰立面图。

(3) 装饰详图。

(4) 家具图。

音频 3：装饰施工
图的特点.mp3

2. 识读实例

图 8-2 所示为某售楼部样板间装修工程 A 户型的原始平面图。

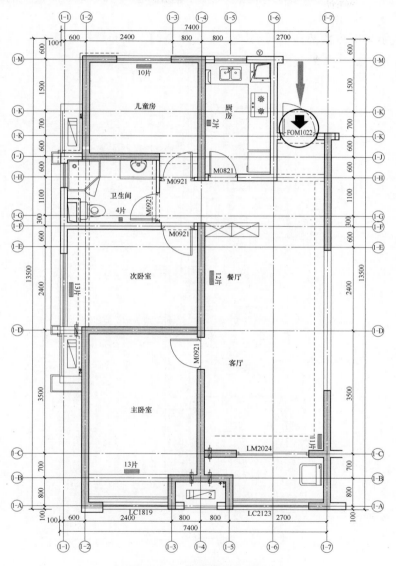

图 8-2 A 户型原始平面图

原始平面图是指住宅现有的布局状态图，包括现有的长宽尺寸，墙体分隔，门窗、烟道、楼梯、给排水管道位置等信息，并且要在原始平面图上标明能够拆除或改动的部位、

给排水管道位置等信息,并且要在原始平面图上标明能够拆除或改动的部位,为后期设计打好基础。有的业主想得知各个房间的面积数据,以便后期计算装饰材料的用量,还可以在上面标注面积数据和注意事项等信息。原始平面图也可以是原房产证上的结构图或地产商提供的原始装修设计图。

图 8-3 所示为某售楼部样板间装修工程 A 户型的平面布置图。

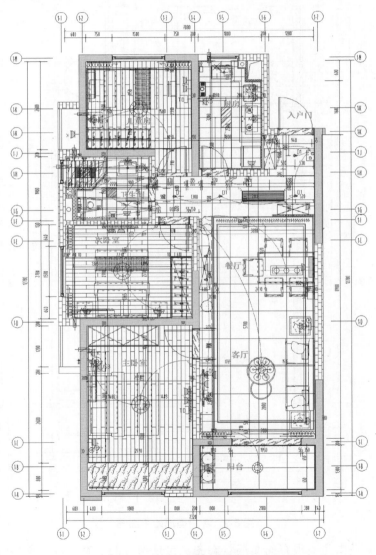

图 8-3　A 户型平面布置图

平面布置图在反映住宅基本结构的同时，主要说明装修空间的划分与布局以及家具、设备的情况和相应的尺寸关系。平面布置图是后期里面装饰装修、地面装饰做法和空间分隔装设等施工的统领性依据，代表业主与装饰公司已取得确认肯定的基本装修方案，也是绘制其他分项图纸的重要依据。平面布置图一般包括下述几方面的内容。

(1) 表明住宅空间的平面形状和尺寸。

(2) 表明建筑楼地面装饰材料、拼花图案、装修做法和工艺要求。

(3) 表明各种装修设置和固定式家具的安装位置，表明它们与建筑结构的相互关系尺寸，并说明其数量、材质和制造要求。

(4) 表明与该平面图密切相关立面图的位置及编号。

(5) 表明各种房间或装饰分隔空间的平面形式、位置和使用功能。

(6) 表明门、窗的位置尺寸和开启方向。

图 8-4 至图 8-7 所示分别为 A 户型的主卧室、次卧室、厨房、卫生间的详细施工图。

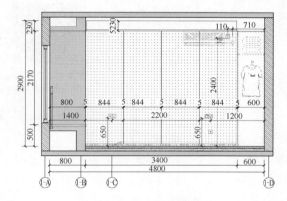

图 8-4　主卧室施工图

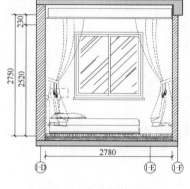

图 8-5　次卧室施工图

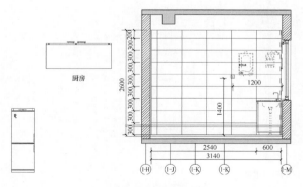

图 8-6　厨房施工图

图 8-7　卫生间施工图

8.2.2 给水排水施工图

给水排水工程是现代城镇和工矿建设中重要的基础设施之一，它分为给水工程和排水工程。给水工程是指为满足城镇居民生活和工业生产等需要而建造安装的取水及其净化、输水配水等工程设施。排水工程是指与给水工程相配套的，用于汇集生活、生产污水(废水)和雨水(雪水)等，并将其经过处理、输送、排泄到其他水体中去的工程设施。

图 8-8 所示为 A 户型的给排水平面图，主要表达给水、排水管线和设备的平面布置情况。平面图上管道都用单线绘出，沿墙敷设时备注管道距墙面的距离。

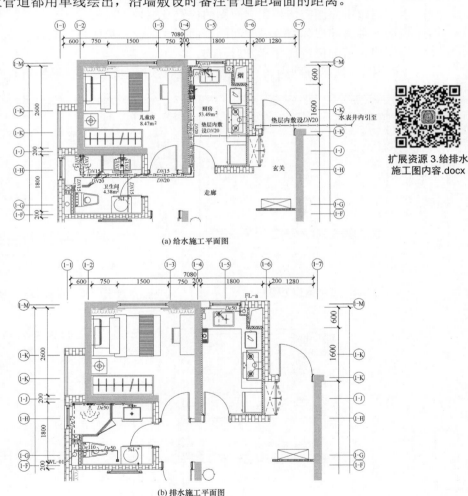

扩展资源 3.给排水
施工图内容.docx

(a) 给水施工平面图

(b) 排水施工平面图

图 8-8 A 户型给排水施工平面图

给排水平面图就是现场给排水的布置、走向都会具体地表示出来，比较贴合现场。

图 8-9 至图 8-12 所示为给排水的平面图和系统图。

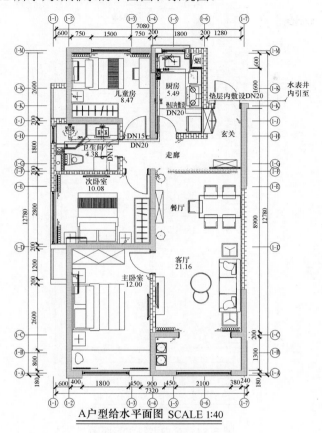

A户型给水平面图 SCALE 1:40

图 8-9　A 户型给水平面图

图 8-10　A 户型给水系统图

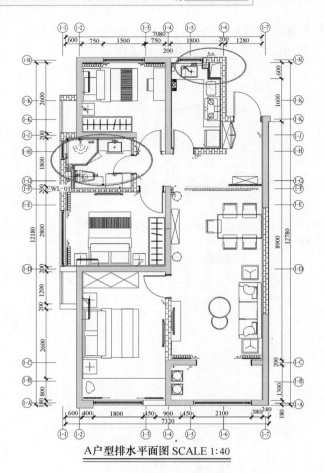

A户型排水平面图 SCALE 1:40

图 8-11 A 户型排水平面图

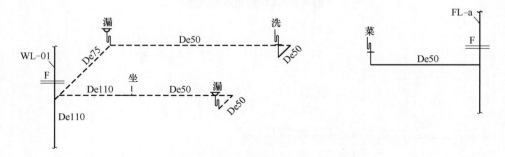

图 8-12 A 户型排水系统图

1. 给排水施工图的识读

基本方法：先粗后细，平面图、系统图多对照。

阅读主要图纸之前，应当先看说明和设备材料表，然后以系统图为线索深入阅读平面图、系统图及详图等。

阅读时，应相互对照来看。先看系统图，对各系统做到大致了解。看给水系统图时，可由建筑的给水引入管开始，沿水流方向经干管、立管、支管到用水设备；看排水系统图时，可由排水设备开始，沿排水方向经支管、横管、立管、干管到排出管。

2. 平面图的识读

室内给排水管道平面图是施工图纸中最基本和最重要的图纸，常用的比例是 1∶100、1∶50、1∶40 等，它主要表明建筑物内给排水管道及卫生器具和用水设备的平面布置。图上的线条都是示意性的，同时管材配件如活接头、补心、管箍等也不画出来，因此在识读图纸时还必须熟悉给排水管道的施工工艺。

在识读管道平面图时，应该掌握的主要内容和注意事项如下。

(1) 查明卫生器具、用水设备和升压设备的类型、数量、安装位置、定位尺寸。

(2) 弄清给水引入管和污水排出管的平面位置、走向、定位尺寸、与室外给排水管网的连接形式、管径及坡度等。

(3) 查明给排水干管、立管、支管的平面位置与走向、管径尺寸及立管编号。从平面图上可清楚地查明是明装还是暗装，以确定施工方法。

(4) 消防给水管道要查明消火栓的布置、口径大小及消防箱的形式与位置。

(5) 在给水管道上设置水表时，必须查明水表的型号、安装位置以及水表前后阀门的设置情况。

(6) 对于室内排水管道，还要查明清通设备的布置情况、清扫口和检查口的型号和位置。

3. 系统图的识读

给排水管道系统图主要表明管道系统的立体走向。其绘法取水平、轴测、垂直方向，完全与平面布置图比例相同。系统图上应标明管道的管径、坡度，标出支管与立管的连接处以及管道各种附件的安装标高，标高的±0.00 应与建筑图一致。系统图上各种立管的编号应与平面布置图一致。系统图均应按给水、排水、热水等各系统单独绘制，以便于施工安装和概预算应用。

另外，在给水系统图上，卫生器具不画出来，只需画出水龙头、淋浴器莲蓬头、冲洗水箱等符号；用水设备如锅炉、热交换器、水箱等则画出示意性的立体图，并在旁边注以文字说明。

在排水系统图上也只画出相应的卫生器具的存水弯或器具排水管。

在识读系统图时，应掌握的主要内容和注意事项如下。

(1) 查明给水管道系统的具体走向、干管的布置方式、管径尺寸及其变化情况、阀门的设置以及引入管、干管及各支管的标高。

(2) 查明排水管道的具体走向、管路分支情况、管径尺寸与横管坡度、管道各部分标高、存水弯的形式、清通设备的设置情况、弯头及三通的选用等。识读排水管道系统图时，一般按卫生器具或排水设备的存水弯、器具排水管、横支管、立管、排出管的顺序进行。

(3) 系统图上对各楼层标高都有注明，识读时可据此分清管路是属于哪一层的。图中公称管径以"DN"表示，钢塑复合管，外径 dn 与公称管径 DN 的关系以及塑料管 De 公称管径 DN 的关系详见给排水设计说明。图示中的管道标高：给水管为管中心标高，排水管为管内底标高。

8.2.3 住宅用电施工图

图 8-13 所示为 A 户型的 ALA 配电箱系统图。

BV-3×4，PC25-FC 表示线路是塑料绝缘铜芯线，3 根直径是 4mm，PC25 是指套管为 PVC 管径为 25mm 的电线管，FC 指暗敷在地面。

BV-3×4，PC25-CC 表示线路是塑料绝缘铜芯线，3 根直径是 4mm，PC25 是指套管为 PVC 管径为 25mm 的电线管，CC 指暗敷在屋面或顶板内。

图 8-14 所示为 A 户型的照明平面图。

(1) 住宅入户线电气竖井内采用金属线槽明敷，电井至户箱采用穿管埋地暗敷；普通支线除注明外穿 PC 管，结构层暗敷；暗敷时要求外护层厚度不小于 15mm。

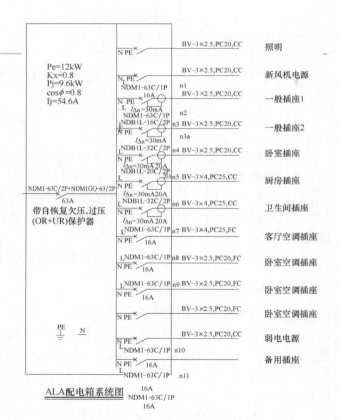

图 8-13 ALA 配电箱系统图

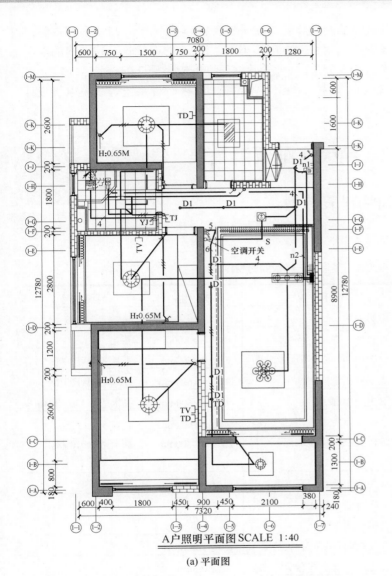

(a) 平面图

A户照明平面图 SCALE 1:40

(b) 图例

天花灯具图例及选型表					
编号	图例	名称	色温	功率	备注
D1	⊕D1	嵌入式调角射灯	4000k	–	交付
D2	⊕D2	嵌入式筒灯	4000k	–	交付
D3	⊕	嵌入式防雾筒灯	4000k		
D4	❀	装饰吊灯	–	–	非交付
D5	❀	吸顶灯	–	–	非交付
D10	▥	装饰吊灯	–	–	非交付
D11	▨	嵌入式吸顶灯	4000k		交付
D12	▨	嵌入式吸顶灯	4000k		交付
D13	—	LED暗藏灯带	4000k		交付

天花设备图例			
编号	图例	名称	
S01	⊠	检修口	
S02	⊠	新风下回风	
S03	✕	新风下出风	
S04	▭	暖风机	
S05	⊤	新风侧出风	

图 8-14　A 户型照明平面图

　　(2)　本工程低压电缆选用 YJV-0.6/1kV 型，电线选用 BV-450/750V 型；灯具至单联开关之间导线均为两根，其余未注明照明支线均为 3 根线，照明支线 3 根及以下穿 PC16，4～5 根穿 PC20，6～7 根穿 PC25，线路过长时可适当增加拉线盒，过伸缩缝处做补偿处理，做法参见 13D101 图集。开关边缘距门框边缘的距离为 0.15m(可据实调整)。

(3) 明敷于潮湿场所或埋地敷设的金属导管，应采用管壁厚度不小于 2.0mm 的钢管；明敷或暗敷于干燥场所的金属导管宜采用管壁厚度不小于 1.5mm 的电线管。建筑内的潮湿场所，明敷的金属导管应做防腐、防潮处理。PC 管管壁厚度不应小于 2.0mm。

(4) 防雷及接地系统、有线电视系统、电话网络系统、可视对讲系统等参见电气设计说明。

8.3 精装房配置清单表

8.3.1 某售楼部样板间物料表选型

样板间配置表.mp4 扩展图片 1.售楼部样板间.docx

某售楼部样板间的物料表如表 8-1 所示。

表 8-1 某售楼部样板间的物料表

材料编号	材料名称	使用位置	规 格	品牌型号
WD-03	白色烤漆木饰面	厨房上柜	—	—
CT-01	仿大理石瓷砖	客餐厅、过道、阳台	800mm×800mm	暂定
CT-02	仿石材砖	厨房墙面、主卫墙面及地面	300mm×600mm	斯米克(XWF300NPT)
CT-03	墙砖	次卫及洗漱区墙面	300mm×600mm	斯米克(XWF821NPT)
CT-04	地砖	卫生间地面	600mm×600mm	斯米克(D11260KPP0)
CT-07	墙砖	阳台洗衣机背景墙面	600mm×600mm 加工成 300mm×600mm	斯米克(M01060KP)
ST-01	深灰色石材	玄关地面及过门石	厚度 20mm	暂定
ST-02	白色人造石	厨房台面、玄关柜台面、浴室柜台面	厚度 20mm	暂定
MT-01	拉丝不锈钢	玄关地面及门槛石收边条	宽度 10mm	暂定
MT-02	黑钛不锈钢	收边条及淋浴屏套/踢脚线	厚度 0.8mm	—
GL-01	钢化玻璃	淋浴间玻璃隔断及厨房移门	厚度 8mm	—
GL-02	磨砂玻璃	卫生间门	厚度 8mm	—
MR-01	银镜	玄关镜柜、浴室柜上柜	厚度 5mm	—
MR-02	灰镜玄关柜凹龛	—	厚度 5mm	—

8.3.2 洁具选型

洁具选型如表 8-2 所示。

表 8-2　洁具选型

材料名称	使用位置	规　格	品牌型号
厕纸架	客卫(马桶边无镜柜的配送)	—	摩恩 ACC2105
抽取式面盆龙头	卫生间	—	摩恩 GN89121
单杆毛巾架	卫生间	—	摩恩 ACC0603
暖风机	卫生间顶面	—	松下暖浴快 FV-27BG2C
淋浴、花洒套装	卫生间	颜色银灰色	摩恩 12132+2268
单手持花洒及滑竿	次卫	颜色银灰色	摩恩 17132+S902P
地漏	卫生间地漏	—	摩恩 3938MCL
阳台地漏	不锈钢洗衣机地漏	颜色银色	摩恩 11905
背篓	卫生间	白色	圣劳伦斯
台下盆	卫生间	—	TOTO LW596RB
多功能水槽	厨房	—	摩恩 27230SL+27137SL+27138
厨房水龙头	厨房	—	摩恩 GNMCL7594C

8.3.3 灯具选型

灯具选型如表 8-3 所示。

扩展图片 2.灯具.docx

表 8-3　灯具选型

材料编号	材料名称	使用位置	规格	品牌型号
L02	卫生间集成灯	卫生间	300×300	OPPLE/欧普照明
L03	厨房集成灯	厨房	300×600	OPPLE/欧普照明
L05	吸顶灯	阳台	6400k	西顿 CEX24-06 锋芒
L07	LED 灯带、高压灯带插头	天花灯带	2700k　4000k	西顿 CEGB5050G 5050 高压灯带插头
L08	红外线感应嵌入筒灯	玄关	3000k/4000k	西顿　CEA1301G+应急电池+人体感应

8.3.4 厨房配置表

厨房配置表如表 8-4 所示。

表 8-4 厨房配置表

材料名称	使用位置	规格	品牌型号
烟机	厨房	(长)895mm×(宽)525mm×(高)595mm	方太 CXW-200-EM05
煤气灶	厨房	外形尺寸：730mm×410mm×135mm 开孔尺寸：660mm×360mm R40	方太 JZT-FD1B

8.3.5 控制插座面板

控制插座面板表如表 8-5 所示。

表 8-5 控制插座面板表

材料编号	材料名称	使用位置	规格	品牌型号
01	一位单极开关面板	墙面	荧光灰	西蒙 I7 系列
02	二位单极开关面板	墙面	荧光灰	西蒙 I7 系列
03	三位单极开关面板	墙面	荧光灰	西蒙 I7 系列
04	紧急求助开关面板	客厅、主卧	荧光灰	西蒙 I7 系列
05	双极开关面板	墙面	荧光灰	西蒙 I7 系列
06	双开双极开关面板	墙面	荧光灰	西蒙 I7 系列
07	五孔插座	墙面	荧光灰	西蒙 I7 系列
08	五孔插座(带开关)	墙面	荧光灰	西蒙 I7 系列
09	空调单极插座	墙面	荧光灰	西蒙 I7 系列
10	网络插座	墙面	荧光灰	西蒙 I7 系列
11	电视插座	墙面	荧光灰	西蒙 I7 系列
12	电话插座	墙面	荧光灰	西蒙 I7 系列
13	电话+信息插座	墙面	荧光灰	西蒙 I7 系列
14	五孔+USB 插座	墙面	荧光灰	西蒙 I7 系列
15	地插	客厅	—	西蒙 TD120F1H
16	插座防水罩	卫生间	香槟色	西蒙 TD120F1H

续表

材料编号	材料名称	使用位置	规　格	品牌型号
17	三位联体边框	墙面	荧光灰	西蒙 I7 系列
18	三位联体边框	墙面	荧光灰	西蒙 I7 系列
19	三位联体边框	墙面	荧光灰	西蒙 I7 系列
20	四位联体边框	墙面	荧光灰	西蒙 I7 系列
21	四位联体边框	墙面	荧光灰	西蒙 I7 系列
22	小夜灯	墙面	荧光灰	西蒙 I7 系列

8.3.6 门五金配置表

门五金配置表如表 8-6 所示。

扩展图片 3.门五金.docx

表 8-6　门五金配置表

材料编号	材料名称	使用位置	规　格	品牌型号
—	门锁	装饰门	—	海德威尔 HDW7325B
—	门吸	装饰门	—	VIVR　DS4Z-BK
—	墙吸	卫生间平开门	—	VIVR　VV-102-2
—	合页铰链	装饰门	—	中尾　三维可调

8.4　住宅 A 户型实景效果图

图 8-15 所示是某售楼部样板间装修工程 A 户型的封面。

图 8-16 大致介绍了 A 户型的入户门、餐厅、客厅、厨房、儿童房、卫生间、次卧室、主卧室的详细位置，使人一目了然。

图 8-15　A 户型精装样板间封面

图 8-16　A 户型精装样板间平面图

依据图 8-17 中从"红色扇形"的位置—阳台向客厅的方向看去，可以清楚地看到电视柜、茶几、沙发、吊灯、餐桌、厨房等具体、详细的实物图。

如图 8-18 所示，从餐桌向客厅的方向看去，可以清楚地看到客厅的详细布置。

图 8-17　A 户型精装样板间客厅 1　　　　　图 8-18　A 户型精装样板间客厅 2

如图 8-19 所示，这是从入户门进来，往厨房拐的拐角处看向客厅，而图 8-20 所示则是从玄关进去，首先看到的是玄关柜台面，透过玄关柜台面可以看到部分餐厅，然后隔断处向右拐，正对着可以看到卫生间的门。

如图 8-21 所示，这是从主卧室的门看向卧室，而图 8-22 所示则是从次卧室的门看向卧室。

如图 8-23 所示，这是从儿童房卧室的门看向卧室，图 8-24 所示则是从卫生间的门看向卫生间，里面有滚筒全自动洗衣机、马桶、背篓(可以搭毛巾、烘干衣物)、淋浴间玻璃隔断、百叶窗、洗漱台等。

装饰效果图.mp4

如图 8-25 所示，这是从厨房的门看向里面，可以清楚地看到里面的布局，图 8-26 所示则是从主卧室的门看向卧室，和图 8-21 里面的布局除了被罩、床下面铺的毯子以及床头上面的墙面装饰品不同以外，其余都是相同的。

图 8-19　A 户型精装样板间客厅 3　　　　　图 8-20　A 户型精装样板间客厅 4

图 8-21　A 户型精装样板间主卧 1　　　　图 8-22　A 户型精装样板间次卧

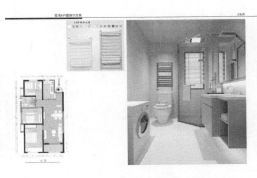

图 8-23　A 户型精装样板间儿童房　　　　图 8-24　A 户型精装样板间卫生间

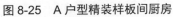

图 8-25　A 户型精装样板间厨房　　　　　图 8-26　A 户型精装样板间主卧 2